盐城海滨湿地景观格局变化与生态过程响应

张华兵 著

国家自然科学基金面上项目（41771199）
国家自然科学基金青年项目（41501003、41501567）联合资助
江苏省自然科学基金面上项目（BK20171277）

科学出版社

北 京

内 容 简 介

  盐城淤泥质海滨湿地是我国乃至世界上为数不多的典型原始海滨湿地，在全球生物多样性保护中具有重要战略地位。但是，在自然和人类活动的双重影响下，湿地景观结构与功能发生显著变化。本书以盐城海滨湿地典型区域为案例，分析不同驱动下海滨湿地景观结构与格局的时空变化；通过生态要素空间异质性研究，揭示不同景观类型生态的阈值效应；利用海滨湿地景观类型数据和生态过程数据，构建基于过程的景观演变模拟模型，并对未来区域景观演变进行情景分析与预测研究。本书可为景观生态学研究提供方法借鉴，也可为湿地生态保护与科学管理提供参考，具有一定的理论和实践意义。

  本书可供地学、景观生态学、环境科学等相关领域的科研人员及高等院校相关专业的教师和学生阅读参考。

图书在版编目（CIP）数据

盐城海滨湿地景观格局变化与生态过程响应 / 张华兵著. —北京：科学出版社，2018.12

ISBN 978-7-03-060344-9

Ⅰ. ①盐…　Ⅱ. ①张…　Ⅲ. ①海滨－沼泽化地－景观生态建设－研究－盐城　Ⅳ. ①P942.523.78

中国版本图书馆 CIP 数据核字（2018）第 298383 号

责任编辑：王腾飞　沈　旭　石宏杰 / 责任校对：樊雅琼
责任印制：张　伟 / 封面设计：许　瑞

科 学 出 版 社 出版

北京东黄城根北街 16 号
邮政编码：100717
http://www.sciencep.com

北京中石油彩色印刷有限责任公司印刷
科学出版社发行　各地新华书店经销

*

2018 年 12 月第 一 版　开本：720 × 1000　1/16
2018 年 12 月第一次印刷　印张：12 1/4
字数：250 000

定价：99.00 元
（如有印装质量问题，我社负责调换）

前　　言

　　海滨湿地位于海陆之间的过渡地带，由于海陆两相作用的复杂性，所形成的各种海滨湿地类型从外在表现植被类型到驱动植被差异的水文、地貌、土壤、沉积环境等方面都存在显著差异。盐城海滨湿地是西太平洋海岸最大的淤泥质海滨湿地，也是我国经济发展的前沿地带。一方面，盐城沿海地区作为我国沿海"经济洼地"，需要加快社会经济发展的步伐；另一方面，盐城海滨湿地作为中国渤海湾—黄海海岸带成员加入世界自然遗产预备名录，将进一步强化海滨湿地保护，湿地保护与开发之间的矛盾日益凸显。如何根据区域自然地理条件和海滨湿地生态特点，辨识海滨湿地景观演变空间模式及其响应机制，有效管理海滨生态环境，达到区域生态、经济与社会发展的协调，成为亟待解决的重要科学问题。因此，本书从景观空间格局演变和生态学过程的视角，运用景观生态学原理、方法，结合遥感（remote sensing，RS）和地理信息系统（geographic information system，GIS）等技术，构建基于生态过程的景观模型模拟盐城海滨湿地景观演变过程，辨识自然条件和人为管理下海滨湿地演变模式及响应机制，可为海滨区域生态、社会经济协调发展提供科学依据。

　　本书是在笔者博士学位论文的基础上补充和修改完善的，是在南京师范大学博士研究生导师刘红玉教授的指导下，将景观尺度的格局演变与生态系统尺度的生态过程相耦合，构建景观过程模型探索中一系列成果的汇总。

　　全书共分 9 章。第 1 章为绪论，介绍本书的研究背景和意义、研究进展、主要内容、技术路线和主要创新，构建全书的总体结构。第 2 章为研究区概况，从自然地理特征和社会经济概况等方面介绍研究区基本概况。第 3 章为数据来源与研究方法，介绍遥感图像处理过程、土壤样品数据采集与实验方法。第 4 章为海滨湿地景观结构与格局时空变化，运用景观生态学方法分析研究区总体结构与格局变化，比较人工管理与自然条件控制两种模式下海滨湿地结构与格局的变化。在此基础上，对整个盐城海滨湿地景观时空变化与侵蚀型海滨湿地景观时空变化进行研究；进一步分析景观变化的生态环境效应，并从自然与人类活动两方面阐述海滨湿地景观变化的驱动因素。第 5 章为海滨湿地土壤基本性状及其时空变化，分析研究区土壤水分、盐度、有机质、营养盐的空间变化，阐述土壤基本性状与景观格局的 CCA 关系，运用灰色关联分析，确定影响海滨湿地景观演变的关键生态要素。第 6 章为海滨湿地土壤关键要素空间分异及阈值影响，在确定空间分析尺度的基础上，运用人工神经网络模型分析海滨湿地土壤水分和盐度空间异质性，分析土壤水分和盐度在不同景观类型间的阈值效应。第 7 章为海滨湿地景观过程模型研究，运用 CA-MATLAB-GIS 技术构建基于土壤水分和盐度变化的景观模型，并对模型结果进行检验。第 8 章为海滨湿地景观情景模拟预测，运用景观模型，通过参数调节，分别从现状、湿地生态恢复、保护本地物种碱蓬三种模式，模拟研究区至 2020 年的景观变化。第 9 章为结论与展望，对全书研究内容进行总结，并对后续研究提出展望。

由于笔者所学知识的限制及研究水平的局限，书中难免有疏漏和不足之处，敬请读者和同行专家批评指正。希望本书的出版能够为相关读者提供一些有价值的信息，能够引起读者的进一步思考与探索，也期待与读者一起进步、成长！

张华兵

2018 年 4 月 10 日

目　　录

第1章 绪 论

1.1 研究背景和研究意义

1.1.1 研究背景

海滨湿地是陆地生态系统和海洋生态系统之间的过渡地带，在维护生物多样性、调节气候、涵养水源、维持区域可持续发展、控制海岸侵蚀、促淤造陆、降解污染物、提供生境及改善气候等方面具有不可替代的作用，是重要的环境资源（陆健健等，2006；刘红玉等，2009），因其表现出的特殊生态系统功能，被誉为"地球之肾"。同时，受海洋和陆地双重作用力的影响，海滨湿地对外界的胁迫压力反应敏感，是一个脆弱的边缘地带和生态敏感区（杜国云等，2007；牛文元，1989）。自 20 世纪 60 年代以来，海滨湿地作为生态环境脆弱带，已成为海岸带研究的热点和前沿领域，引起了国际生物学计划（IBP）、国际地圈-生物圈计划（IGBP）、人与生物圈计划（MAB Programme）等国际重要研究计划的高度关注。另外，海滨湿地发育在两相作用、双向水流的交汇地带，是一个高度动态和复杂的生态系统。1995 年开始制定执行的海岸带陆海相互作用研究计划（LOICZ）成为国际地圈-生物圈计划的第 6 个核心计划。由于海陆相互作用研究与人类生存和经济发展息息相关，因而 LOICZ 的提出得到各国的迅速响应。《中国海洋科学学科发展战略研究报告》也将 LOICZ 列为我国海洋科学近中期主攻方向和重点之一，并将此计划列为国家重点计划优先资助领域（钦佩等，2004）。

海滨湿地既是生态过渡地带，也是人类活动集中地带。由于海滨湿地具有较高的生态服务功能及适宜的人居环境，该区域人类活动频繁、经济发展迅速。在距海岸带 200km 范围内，汇聚了全世界一半以上的人口；在距离海滨湿地生态系统 60km 范围内，聚集了世界 1/3 以上的城市人口。我国海滨湿地面积只占全国湿地总面积的 15%，但其所屏障的沿海地区汇集了全国 40%的人口和一半以上的国内生产总值（GDP）（杨红生和邢军武，2002；钦佩，2006）。海滨湿地与人类的生存、社会的进步和经济的发展息息相关，因而其研究在世界范围内受到广泛重视（杨桂山，2002）。但是，海滨湿地在自然和人为的双重影响下，尤其是在高频率、高强度的人类生产活动下，其景观结构发生着巨大变化（江苏省 GEF 湿地项目办公室，2008），湿地面积减少、生物多样性丧失、生态系统功能和效益衰退等一系列生态环境问题，已成为当前关注的焦点问题之一。

海滨湿地是一个高度活跃的、动态的开放系统。在自然和人为的双重作用下，景观变化显著。多年来，在自然和人类社会经济发展影响下，盐城海滨湿地面临巨大压力，景观结构与功能发生了巨大变化。该区丰富的湿地资源赋存和良好的资源开发条件，使其成为我国重要海岸开发区域之一。目前，该区已成为集农业、渔业、盐业、化工、港口等多元化产业于一体的重要经济发展区域。与此同时，该区自然湿地面积大量丧失，湿地保护与开发利用的矛盾不断凸显。2009 年 6 月，国务院常务会议通过《江苏沿海地区发展规划》，标志着该区沿海开发从地方决策上升为国家战略。在此背景下，江苏盐城海滨湿地保护与开发利用的矛盾将进一步加大。如何根据区域自然地理条件和海滨湿地生态特点，辨识海滨湿地景观演变空间模式及其响应机制，合理开发利用海滨湿地资源，保护湿地应有的生态功能，以及有效管理海滨生态环境，达到区域生态、经济与社会发展的协调，是目前急需解决的重要科学问题。

1.1.2　研究意义

盐城海滨湿地位于 $32°20'N$～$34°37'N$、$119°29'E$～$121°16'E$，地处江苏省中部沿海，总面积为 $45.33×10^4 hm^2$，约占江苏省海滨湿地总面积的 60%，占全国海滨湿地总面积的 7.63%。海岸线南北绵延 582km，占全省海岸线总长度的 61%，是我国乃至世界集潮间带滩涂、潮汐、河流、盐沼、芦苇沼泽和米草沼泽于一体的最典型和最具代表性的淤泥质海滨湿地分布区之一，是太平洋西岸、亚洲大陆边缘面积最大的沿海淤泥质滩涂湿地。盐城海滨湿地是"人与生物圈保护区网络"成员、"东北亚鹤类保护区网络"重要成员，并被列入国际重要湿地名录，是全球环境基金（GEF）和联合国开发计划署（UNDP）资助的我国唯一的海滨湿地保护区。由于独特的水文、水动力和气候条件，盐城海滨湿地逐渐演变为由细小的黏土、粉土等细颗粒物质组成的宽缓的滩涂湿地，并发育了多样的湿地生态系统类型，且类型齐全、面积集中。更重要的是，由于江苏盐城湿地珍禽国家级自然保护区和江苏省大丰麋鹿国家级自然保护区的建立，在人类活动日益增加的今天，一些岸段基本保持了天然的生态结构和功能，使盐城海滨湿地成为我国乃至世界上较为少有的典型原始海滨湿地之一，在我国生物多样性保护中具有重要地位，拥有十分丰富的生物多样性（刘青松等，2003）。江苏盐城湿地珍禽国家级自然保护区核心区位于保护区中部，总面积约 2.26 万 hm^2，占保护区总面积的 9.15%，区内湿地类型齐全，景观变化显著，是淤泥质海滨湿地的典型代表区域。核心区内大部分区域保持自然景观，从陆到海呈带状依次分布着芦苇群落、碱蓬群落、互花米草群落，以及泥质海滩构成的潮间带景观。这里是丹顶鹤等珍稀水禽的重要栖息地（其中国家一级重点保护动物 14 种，国家二级重点保护动物 85 种），是全世界最大的丹顶鹤越冬地，也是国际濒危物种黑嘴鸥的重要繁殖地。

　　本书选择盐城海滨湿地典型区域为研究案例，研究自然条件和人工管理两种不同驱动模式下海滨湿地景观时空变化特征，并用模型模拟未来海滨湿地景观变化趋势，可为海滨湿地资源开发和合理利用，实现海滨地区资源、环境、社会和经济的可持续发展提供科学依据，具有重要的理论和现实意义。

1.2　研　究　进　展

　　海滨湿地是在海陆相互作用下形成的特殊湿地类型，是植被演替最为迅速、发生最为明显的地方。自然条件下，淤泥质海滨湿地由泥沙组成的软相底质很容易在波浪、潮流作用下发生位移，引起潮滩高程的变化和潮侵频率的改变。通常情况下，潮滩的高程随着泥沙的淤积而升高，同时向海洋拓展。因此，潮滩上随着高程发生变化的植物群落包含了时间序列上的演变过程。随着潮滩高程的逐步增加，地下潜水埋藏深度增加，土壤母质及土壤脱离高盐度的海水和潜水影响时间变长，土体开始逐步脱盐，形成了海相沉积母质→潮滩盐土→草甸滨海盐土的典型湿地土壤演替序列（钦佩等，2004；杨桂山，2002；何文珊，2008）。伴随土壤的脱盐进程，植被也从无到有，形成了裸地→盐生植物→湿生植物的演替序列。在景观上表现为光滩→碱蓬沼泽→芦苇（白茅）沼泽的演替序列（杨桂山，2002；李加林等，2003；张树清，2008）。

　　但是，随着人类活动的影响，淤泥质海滨湿地景观演变特征不断发生变化。其中外来物种的引入导致的景观演变最为显著。从 1983 年开始，江苏沿海地区为了保滩护岸，增强促淤功能，引种了互花米草，改变了海滨湿地原生演变规律（张树清，2008；洪荣标，2005）。互花米草的宽生态幅特征，较原生盐沼植被具有更强的竞争优势，其扩散能力远高于碱蓬和芦苇。因此，在光滩上互花米草取代碱蓬成为先锋群落，原有的海滨湿地景观演变序列就相应变为：光滩→米草沼泽、碱蓬沼泽→米草沼泽、碱蓬沼泽→芦苇沼泽三个演变序列。在空间上，从海洋向陆地表现为光滩—米草沼泽—碱蓬沼泽—芦苇沼泽的景观格局。

　　此外，人类生产活动对淤泥质海滨湿地景观演变也产生重要影响。海滨地区历来是人类活动频繁的区域，对淤泥质海滨湿地的开发利用也有着悠久的历史。围垦、修筑海堤、兴建港口、城乡建设和水利工程等一系列的人类生产活动会对海滨湿地景观演变产生重要影响。大量的自然湿地向人工湿地、非湿地景观转变，同样影响了海滨湿地景观演变的特征与规律（欧维新等，2004；王夫强和柯长青，2008）。

　　可见，淤泥质海滨湿地景观演变是自然和人类活动共同作用的结果，其研究引起了广泛的关注。其研究进展主要表现在以下几个方面。

1.2.1　海滨湿地景观结构与格局变化研究进展

　　景观生态学作为 20 世纪 80 年代以来迅速崛起的一门新兴学科，以景观结构、景观功能及景观动态为主要研究对象，三者相互依赖、相互作用，其中景观动态最引人注目（邬建国，2007；肖笃宁等，2003）。海滨湿地景观受自然和人类活动影响，不断发生变化，景观变化已成为区域环境演变最为显著的特征之一。

1. 海滨湿地景观结构与格局变化研究内容

海滨湿地在自然与人类活动的共同作用下，景观不断发生变化，引起了众多学者的关注。目前，海滨湿地景观变化研究内容主要包括景观面积变化、景观类型变化、景观异质性和景观破碎化等方面（张曼胤，2008；白军红等，2005）。尤其是随着 RS 技术的发展，大尺度监测景观面积变化和景观类型变化已成为海滨湿地景观研究的一项基本内容。例如，美国对密西西比河三角洲湿地的研究显示，到 1980 年其面积丧失速率约为 $100km^2/a$（Gagliano et al.，1981），墨西哥湾北部海滨湿地丧失的面积约占全国湿地总损失面积的 80%，湿地丧失速率达到了 $12700hm^2/a$（Baumann and Turner，1990）。另外，Maingi 和 Marsh 利用 1985～1996 年的 MSS/SPOTS 影像数据揭示了肯尼亚塔纳河下游湿地景观的变化（Maingi and Marsh，2001）。Fromard 等对法属圭亚那地区过去 50 年红树林海滨湿地的变化进行了研究（Fromard et al.，2004）。Kelly 运用 1984～1992 年的 TM 影像对北卡罗来纳州的湿地进行了定量化研究，演示了景观尺度的变化特征（Kelly，2001）。Pérez 等利用多时相卫星影像分析了墨西哥湾 Ceuta 沿海潟湖湿地景观变化，指出 $3190hm^2$ 的滨海景观在不到 15 年时间里发生改变，并指出农业发展是主要影响因素（Pérez et al.，2003）。

近年来，国内对海滨湿地景观变化的研究不断增加。例如，研究表明，辽东湾滨海自然湿地景观面积比例从 1987 年的 55.55%下降至 2005 年的 46.05%，大量的天然湿地在人类活动的干扰下演变成人工湿地（杨帆，2007）；1986～1994年，辽河三角洲在自然和人为驱动下，景观转变呈现半自然湿地向人工湿地转化，自然湿地向半自然湿地及人工湿地转化的特征，人工湿地、半自然湿地、自然湿地在空间上表现出一种自陆向海的变化趋势，景观破碎化程度加深（王宪礼等，1996a，1996b），斑块数量增加明显（李加林等，2006），景观多样性指数和均匀度指数则呈下降趋势（丁亮等，2008），尤其随着人类经济活动的增加，湿地景观类型单一化趋势日益显著（肖笃宁等，2001）。对黄河三角洲湿地的研究显示，1986～2001 年，芦苇沼泽湿地、草甸湿地和滨海湿地均呈现显著的萎缩趋势，分别减少了 16.18%、38.12%和 36.19%（李胜男等，2009）；随着人类干扰强度的增强，斑块数量急剧增加，破碎化指数、斑块密度显著增大，景观破碎化程度提高（王瑞玲等，2008）；景观多样性指数下降，均匀度指数略有增加（王薇等，2010）；1995～1999 年，黄河三角洲东部自然保护区在自然和人为多种驱动因素作用下，天然湿地和人工湿地面积呈减少趋势，农林用地等非湿地面积大幅增加，破碎化程度加深（刘艳芬等，2010），景观斑块数量增加明显，平均斑块面积减小，景观均匀度指数上升，景观多样性指数下降。同时，研究证明，有计划的人类活动，尤其是沟渠和堤坝建设是海滨湿地丧失的最主要因子，对水和沉积条件具有重要影响，这些因素都是导致海滨湿地景观演变的重要原因（Carreño et al.，2008；Li et al.，2009；Bruland and Dement，2009）。

盐城海滨湿地景观变化研究主要从 2000 年才开始，并逐渐增多，研究内容也主要集中在海滨湿地景观面积变化、景观类型变化、景观异质性变化及景观变化驱动力分析等方面，具体见表 1-1。

表 1-1　盐城海滨湿地景观变化研究内容

研究方向	具体内容	研究者及时间
景观面积变化	潮滩湿地淤蚀面积；自然湿地、人工湿地、非湿地面积变化；芦苇沼泽、碱蓬沼泽、米草沼泽各景观类型面积变化；斑块数量、平均斑块面积变化	杨桂山，2002；欧维新等，2004；李加林等，2003；李扬帆等，2005；王夫强和柯长青，2008；沈永明等，2005；刘春悦等，2009a，2009b；丁晶晶等，2009a，2009b；赵玉灵等，2010；孙贤斌等，2010；闫文文等，2011；左平等，2012
景观类型变化	淤泥质海滨湿地演替序列；滩涂围垦；景观基质变化；芦苇沼泽、碱蓬沼泽、米草沼泽和光滩的相互转移；自然湿地和人工湿地的相互转变	
景观异质性变化	多样性指数、破碎化程度、平均分维数、蔓延度指数、边缘异质性、斑块周长、最大斑块指数、面积加权邻近指数、均匀度指数、优势度、平均斑块最近距离等指数变化	
景观变化驱动力	景观变化是非生物环境、生物作用和人类活动综合作用的结果；人类活动对景观演变起主导作用	

上述分析发现，随着 GIS 和 RS 技术的不断发展，对盐城海滨湿地景观结构与格局变化的研究不断增多，并且，这些研究集中在湿地景观结构变化和异质性变化方面，强调演变的速率而缺乏对演变方向的辨识。由于海滨湿地景观演变不仅表现在演变速率上，还表现在演变方向上，因此只有深入理解与认识海滨湿地景观演变的速率与方向，才能真正地掌握盐城海滨湿地景观演变的规律和机制。另外，上述研究虽然从较大的景观尺度上揭示了海滨湿地景观演变的一般规律，但是大多数研究集中在人类活动对景观演变的影响，缺乏从较小的尺度上对自然条件和人类活动影响差异条件下景观演变的规律进行深入探讨，因此也无法深入揭示盐城海滨湿地景观演变的空间模式及响应机制。

2. 海滨湿地景观结构与格局变化研究方法

随着 RS、GIS 技术的发展，景观生态学的研究方法也发生了显著的变化，以空间结构和景观动态为特征的景观生态学数量研究方法已广泛应用于海滨湿地景观演变研究中。其研究方法主要分为三大类：景观格局指数分析、空间叠置分析、景观演变模型研究，如表 1-2 所示。

表 1-2 国内海滨湿地景观变化研究方法

研究方法	具体内容	研究者及时间
景观格局指数分析	分析不同时相的面积指标（斑块面积、类型面积、类型面积比、最大斑块面积指数）；斑块数量指标（斑块数量、平均斑块面积、斑块密度）；边缘指标（斑块周长、边界密度）；形状指标（斑块形状指数、斑块分维数、景观形状指数、平均形状指数、面积加权平均形状指数、平均分维数）；邻近度指标（平均邻近指数、平均最近距离）；多样性指标（景观多样性指数、均匀度指数、类型丰富度、优势度指数）；聚集与散布指标（聚集度指数、分离度指数、蔓延度指数）来反映海滨湿地景观格局变化	张明祥和董瑜，2002；欧维新等，2004；陈鹏，2005；贾宁等，2005；郑彩红等，2006；李加林等，2006；丁亮等，2008；王瑞玲等，2008；宗秀影等，2009；张绪良等，2009b；杨敏等，2009；崔丽娟等，2010；王薇等，2010；李婧等，2011；左平等，2012
空间叠置分析	通过图层叠加，构建景观面积转移矩阵，分析不同类型景观面积转化；运用质心法分析景观空间变化	王宪礼等，1996a；谷东起等，2005；杨帆等，2008；刘键等，2008；何桐等，2009；宗秀影等，2009；李峥，2010；闫淑君等，2010；刘艳芬等，2010；崔丽娟等，2010；高义等，2010；陈爽等，2011
景观演变模型研究	运用景观动态度模型分析景观变化；运用马尔可夫（Markov）模型、元胞自动机预测未来景观变化	杨帆等，2008；付春雷等，2009；何桐等，2009；张绪良等，2009b；张怀清等，2009；田素娟等，2010；成遣和王铁良，2010；索安宁等，2011

　　景观格局指数分析是一种定量研究方法，已被广泛应用于景观研究中。景观格局指数是一种高度浓缩景观格局信息，反映其结构组成和空间配置某些方面特征的简单的定量分析，可分为斑块水平指数、斑块类型水平指数和景观水平指数（邬建国，2007）。Fragstats 软件中的景观格局指数在每一种水平上包括了面积指标、斑块数量指标、边缘指标、形状指标、核心斑块指标、邻近度指标、多样性指标和聚集与散布 8 类指标。景观格局指数计算软件的问世，在很大程度上推动了国际上景观格局研究的快速发展（吕一河等，2007）。景观格局指数一方面能够定量地描述景观的结构、异质性和空间形态，可以对同一时刻的不同景观空间格局进行比较分析；另一方面，可以对不同时刻的同一景观空间格局进行动态变化分析，以及对不同时刻、不同景观空间格局进行动态比较，这两个方面构成了景观空间格局分析的基本内容（胡巍巍等，2008）。国内的湿地景观格局指数分析开始于 20 世纪末期，并在海滨湿地景观演变研究中得到了广泛的应用。Niu 等（2009）运用遥感数据分析了我国包括海滨湿地在内的湿地资源分布情况。王宪礼等（1996a，1996b）利用 RS 和 GIS 技术，计算了景观多样性指数、优势度指数、均匀度指数、景观破碎化指数、斑块分维数、聚集度指数 6 种景观指数，分析了辽河三角洲景观格局与异质性变化特征。肖笃宁等（2001）对 1986～1994 年辽东湾滨海湿地的景观演变进行了研究，分析了景观演变对环境和水禽生境的影响。张绪良等（2009b）运用 RS 和 GIS 技术，利用 TM 和 ETM+ 影像，选取斑块动态

度、斑块密度、景观多样性、斑块破碎化等指数，分析了 1987~2002 年莱州湾南岸滨海湿地景观格局变化。刘春悦等（2009a）利用 RS 和 GIS 技术，结合景观动态度模型和景观指数，对盐城海滨湿地 1992~2007 年的景观动态变化过程进行定量分析。王夫强和柯长青（2008）利用 4 个时期的 TM 和 ETM+ 影像，选择斑块边缘密度、分维度、连接度、蔓延度和景观多样性等指数，分析盐城自然保护区的核心区和缓冲区的景观格局变化。吴曙亮和蔡则健（2003）、张学勤等（2006）、刘永学等（2001）、丁晶晶等（2009b）都运用多时相、多分辨率的遥感影像，结合景观格局指数对盐城海滨湿地景观动态变化进行了研究。综合来看，在海滨湿地研究中使用频率比较高的景观指数有：斑块数量、斑块平均面积、斑块密度、平均分维数、优势度指数、均匀度指数、香农（Shannon）多样性指数、聚集度指数和蔓延度指数。对景观格局指数比较的研究结果表明，我国的大部分海滨湿地景观呈现破碎化的趋势。

空间叠置分析在表征景观面积变化、景观类型变化和空间变化研究上发挥了重要作用。目前比较典型的方法是通过叠加不同时期的景观图层，构建景观面积转移矩阵，辨识景观类型之间的转变关系，以及通过质心计算分析景观空间变化。例如，刘艳芬等（2010）利用景观转移矩阵分析了黄河三角洲东部自然保护区不同湿地类型景观之间的转化关系，运用景观质心法分析了景观的空间变化；崔丽娟等（2010）运用景观质心法分析了福建洛阳江口红树林的空间变化；陈爽等（2011）利用景观面积转移矩阵分析了大辽河口湿地景观类型的变化。

景观演变模型研究是近年来得到重视和发展的景观研究方法。目前，景观模型的应用主要是套用一些模型或计算机模块，其中被广泛使用的方法包括：一是利用景观动态度模型分析景观演变的速率；二是运用马尔可夫概率模型预测未来景观面积变化。例如，田素娟等（2010）、成遣和王铁良（2010）、张绪良等（2012）运用景观动态度模型分析了黄河口、辽河三角洲、胶州湾湿地景观变化速率；付春雷等（2009）、何桐等（2009）、杨帆等（2008）运用马尔可夫概率模型预测了乐清湾、鸭绿江口、双台子河口海滨湿地未来景观面积变化。其他景观模型的研究相对比较缺乏。

由此可见，在海滨湿地景观结构与格局研究方法中，景观格局指数分析能够简单而直观地反映景观结构、形态及空间配置特征，已被广泛应用于海滨湿地景观变化研究中。但是，许多景观格局指数仅具有统计特征而不具有生态学意义。另外，也有少量研究利用景观动态度模型和马尔可夫概率模型揭示湿地景观类型数量变化，但其不能反映景观空间格局变化特征，更不能解释景观空间格局变化的内在机制与驱动力。因此，针对盐城海滨湿地景观演变特征，如何选择合适的景观结构与格局变化的研究方法还需要进一步研究。

1.2.2　海滨湿地景观生态过程研究进展

景观格局与生态过程的相互作用是景观生态学的基本前提（Gustafson，1998）。过程强调事件或现象的发生、发展的动态特征。一系列的生态过程蕴藏于景观镶嵌体中。这些过程主要包括垂直过程和水平过程两种类型，垂直过程发生在同一景观单元或者同一生态系统的内部，水平过程则发生在不同景观单元或者不同生态系统之间（胡巍巍等，2008）。垂直过程与水平过程相互交叉，相互作用。海滨湿地在海陆两相作用下，生态过程独特而复杂，引起了国内外学者的广泛关注。

1. 海滨湿地景观生态过程研究内容

海滨湿地景观生态过程是指海滨湿地发生与演化过程，包括海滨湿地的物理、化学和生物过程。目前，研究内容集中在以下两方面：一是海滨湿地植物定居、演替的研究，以及水位、温度、盐度、营养物质等对植物的影响；二是河口与湿地之间氮、磷等物质与潮汐交换过程及其对植物演替与格局的影响，营养物质地球化学循环、流域营养和污染负荷对海滨湿地植物群落的影响（Ledoux et al.，2005），以及城市化对海滨湿地植物影响的阈值效应等方面（King et al.，2007）。例如，Valdemoro等（2007）认为海滨湿地的稳定性和结构明显受到海岸过程的影响，并以西班牙埃布罗河三角洲为例，分析了暴风雨期间岸线动力和波浪作用对海滨湿地和植被组成产生的影响。Tulbure 和 Johnston（2010）认为环境变化（变暖）是引起芦苇入侵的主要原因。Mesléard 等（1991）研究了罗纳河三角洲上植物群落的演替过程。Goñi 和 Gardner（2003）研究了海滨地区森林与沼泽交界面上，地下含水层中可溶性有机碳浓度的季节性变化。Martin 和 Shaffer（2005）研究了美国路易斯安那州海岸盐度、水情和基岩类型对植物分布的影响。Watt 等（2007）研究了地中海湿地由季节性洪水引起的水位和盐度变化对植物组合的影响。Williams 等（1999）研究了美国佛罗里达州西海岸海平面上升与海岸森林退化的关系。McKellar 等（2007）研究了南卡罗来纳州上库伯河淡水湿地上潮汐氮交换的梯度变化。Rybczyk（2009）阐述了海滨湿地碳的收入支出、有机碳的形成过程、氮的交换、磷和硅的生物地球化学特征，以及海平面上升对海滨湿地的生物地球化学影响。Brantley 等（2008）研究了路易斯安那州一个海滨淡水森林湿地同化系统内的初级生产力、营养物质和沉积动态。Wilcox 等（2007）认为水位下降和温度升高是芦苇入侵的主要原因。

20 世纪 80 年代之后，我国有关海岸地貌与沉积过程的研究（李华和杨世伦，2007；张忍顺，1984；朱大奎和高抒，1985）、水文水动力过程研究及生态系统尺度的潮滩湿地植物群落与环境因素关系研究备受关注（杨桂山，2002；江红星等，2002；马志军等，2000；沈永明等，2002）。对海滨湿地生态过程的研究主要集中在辽河三角洲、黄河三角洲及江苏海滨湿地。肖笃宁等（2001）对环渤海三角洲的景观生态进行了系统研究。崔保山等（2006）对黄河三角洲芦苇种群特征与水深环境梯度的响应进行了研究。张绪良等（2009a）对黄河三角洲的湿地植物群落演替进行研究，揭示了黄河三角洲湿地土壤含盐量、土壤有机质和全氮是影响湿地植物群落空间分异的主要控制因素。这些研究主要在生态系统尺度揭示了湿地植物群落的特征及其与环境要素的相应关系，阐明了影响湿地植物群落空间分异的主要控制因素（崔保山和杨志峰，2001；毛志刚等，2009；姚成等，2009）。

由此可见，国外海滨湿地研究重视生物与环境要素的生态过程研究，不仅重视氮、碳等物质对植物的影响，而且重视磷和盐度及水文情势的影响；研究不仅跟踪这些物质短时间内的季节变化，而且也重视物质变化的长时间尺度的预测研究。国内海滨湿地生态过程研究已经取得重要成果，尤其在揭示地形条件、水文条件、沉积条件及土壤养分等生态要素对湿地植物群落演替的影响方面，为海滨湿地研究奠定了良好的理论与实践基础。盐城海滨湿地生态过程研究吸引了众多学者的关注，目前对盐城海滨湿地生态过程的研究主要集中在水文地貌过程、生物地球化学循环过程和植被演替过程。

1）水文地貌过程

盐城海滨湿地水文地貌研究主要集中在海岸地貌形成过程与沉积过程、潮流作用及海平面变化的海岸地貌的影响方面。研究得出，盐城海滨湿地的发育与供沙条件和水动力相关，1128～1855 年，黄河夺淮入海带来的巨量泥沙是海滨湿地发育的主要物质来源；盐城沿岸潮流是海滨湿地发育的主要动力；另外，海平面上升，加剧了对海岸的侵蚀。总体上，盐城淤泥质海滨湿地呈现出"南淤北蚀""蚀进淤退"的格局。

2）生物地球化学循环过程

生物作用、元素迁移和转化及随之引起的能量流动、营养物质的富集或分解等是湿地生物地球化学循环研究的主要内容。盐城海滨湿地生物地球化学研究以氮、磷、盐度、有机质等常规土壤性状指标分布为主要内容，见表 1-3（杨桂山，2002；姚成等，2009；任丽娟等，2010；仲崇庆等，2010；沈永明等，2005；徐伟伟等，2011）。土壤作为景观变化的一个重要动力，其变化直接影响植被的发育演替，在空间上表现为景观格局梯度变化。在缺少长期观测土壤生态要素的情况下，利用时空替代方法可以克服演替研究周期的限制。所以说，盐城海滨湿地土壤生态过程可以通过植被的水平格局来反映。盐城海滨湿地土壤东西向的水平梯度变化反映了土壤过程。对土壤类型的演变无论是表述为从高潮带、中潮带、潮下带还是芦苇（茅草）沼泽、碱蓬沼泽、米草沼泽，其基本过程是一致的。对土壤盐度的研究，研究结果一致表明芦苇沼泽土壤盐度最低，但是光滩、碱蓬沼泽和米草沼泽的研究存在较大分歧；对土壤有机质的研究，毫无争议的是光滩有机质含量最少，但是芦苇沼泽有机质含量大还是米草沼泽含量大仍存在分歧；对总氮（TN）的研究，一致的观点是光滩值最小，但是最高值是出现在芦苇沼泽还是出现在米草沼泽也存在争议；对总磷（TP）的研究比较少，最大值出现在光滩，但最小值出现在米草沼泽还是芦苇沼泽仍不确定。另外，对土壤粒径、土壤有机碳、土壤钾等也开始了研究。杨桂山还对典型潮滩湿地不同植被带的适生条件进行了分析，见表1-4（杨桂山，2002）。

表 1-3　盐城海滨湿地土壤性状研究

土壤指标	芦苇沼泽	碱蓬沼泽	米草沼泽	光滩	研究者及年份
盐度/%	0.1～0.5	0.6～0.8	0.8～1.0	0.8～0.9	杨桂山，2002
	0.238	0.587	0.823	—	沈永明等，2005
	0.680	0.958	0.854	—	姚成等，2009
	0.6	1.7	0.8～2.0	0.9	徐伟伟等，2011
	0.26～0.79	0.73～1.16	1.13～1.61	0.72	任丽娟等，2010
有机质/%	0.6～0.7	0.4～0.5	0.5～1.0	0.2～0.4	杨桂山，2002
	0.65	0.26	1.64		姚成等，2009
	米草沼泽＞碱蓬沼泽＞芦苇沼泽＞光滩				任丽娟等，2010
	1.077	0.495	0.968		沈永明等，2005
	0.59	0.61	1.73	0.10	仲崇庆等，2010
TN/(g/kg)	0.48	0.33	0.36		杨桂山，2002
	0.400	0.410	0.96	0.07	仲崇庆等，2010
	0.58	0.31	0.52	—	沈永明等，2005
TP/(g/kg)	1.33	1.51	1.45		沈永明等，2005
	光滩＞米草沼泽＞碱蓬沼泽＞芦苇沼泽				仲崇庆等，2010

表 1-4　典型湿地断面不同植被带适生条件　　　　（单位：%）

指标	茅草带	盐蒿带	米草带
适宜的潮侵频率	＜5	20～50	50～80
适生表土含盐范围	＜0.6	＞0.6	0.9±
表土有机质	＞1.0	0.5～1.0	0.3～0.8

3）植被演替过程

土壤过程与植被演替是同一的，植被是重要的成土因素之一，而土壤又可以决定或改变植被的发育。植被对土壤具有一定的指示作用。目前，众多学者对植被在东西水平方向上分布，即芦苇（茅草）-碱蓬-互花米草的格局是认同的。但是对于演替过程仍存在分歧，尤其是对先锋群落的认识。杨桂山（2002）认为沿海植被时间演替顺序为互花米草→碱蓬→禾草，并提出在海平面上升、潮位抬高的情况下会依次出现禾草→碱蓬→互花米草的逆行演替。姚成等（2009）认为在潮滩上率先出现碱蓬，然后同时向高潮带和低潮带两个方向演替，向高潮带依次出现碱蓬→芦苇碱蓬过渡带→芦苇，向低潮带依次出现碱蓬→互花米草碱蓬过渡带→互花米草；互花米草引入前，演替顺序为碱蓬群落→芦苇碱蓬交错群落→芦苇群落。而张忍顺等（2005）认为生态位的差异，使得互花米草的发育不会影响碱蓬的生境。

总之，围绕盐城海滨湿地生态过程的研究，众多学者已经取得了一系列的成果。但是，研究主要从断面和样点调查角度分析不同生态系统类型土壤理化性质的水平变化和垂直特征。而从景观生态学角度，将微观生态过程与宏观景观格局耦合的研究十分缺乏。该方面问题的解决既需要辨识控制海滨湿地景观演变的生态要素和阈值影响，又需要将数学建模和 GIS、RS 技术结合，实现海滨湿地景观演变动态模拟模型的研究。只有这样，才能对海滨湿地景观演变规律进行机理性认识，从而对区域湿地生态保护与恢复提供科学指导。

2. 海滨湿地景观生态过程研究方法

在生态过程研究方法上，既有传统的实验方法，也有基于计算机信息技术的模型模拟研究。传统的野外监测、实验方法，是获取海滨湿地生态过程数据最直接、最基础的来源。例如，美国国家环境保护局于 1972～1985 年在墨西哥湾和密西西比河口进行了连续的湿地监测，以保护密西西比河三角洲的湿地资源（戴祥等，2001）。巴西于 20 世纪 90 年代末期，首次在巴西北部帕拉州 Bragantinian 红树林半岛（20 世纪 70 年代中期开始人类开发活动）五个地域的海滩剖面系统开展了为期 4 年、每两周一次的海岸地貌动力学监测，从海滩高程、沉积物输送、剖面形态变化等方面，分析了海岸形态随时间的变化状况，为红树林半岛海岸带一体化管理奠定了基础（Krause and Soares，2004）。这种研究方法需要长期的、定时的观测，周期性的采集数据，并进行定量的分析。但是，这种长期的定点、定时观测获取数据的难度比较大，且操作起来比较困难。

空间替代时间的方法，是在缺乏长期系统观测数据的条件下，研究景观演变或者生态系统演替的一种有效方法。该方法能够克服研究周期的限制，有利于对不同驱动力下海滨湿地景观演变机理进行深入的探讨。例如，姚成等（2009）运用时空替代的方法研究了盐城自然保护区海滨湿地植被演替的生态机制。

生态过程模型是随着计算机信息技术的发展而形成的，已逐渐应用于生态过程研究中。海滨湿地生态过程研究是一个复杂的、从湿地结构到湿地多功能的机理性探讨，关键的任务是研究各生态过程及其相互关系。生态过程模型包括一系列生态和社会经济变量，包括碳、水、氮、磷、植物、消费者（包括人类）、经济与政策等（Costanza and Voinov，2006）。它是建立在大量生态过程监测基础上、机理性揭示问题、模拟系统生态的过程，能够展示特定地点上系统结构和功能灾难性的、不可逆的变化（Costanza et al.，1990；Voinov et al.，1999）。生态过程模型方法早在 20 世纪 90 年代初就在美国逐渐发展起来，并且至今成为前沿与热点研究的领域（Costanza and Voinov，2006；Clarke and Gaydos，1998），但国内在这方面的研究还比较缺乏。

　　总体来看，传统的野外监测、实验方法是获取第一手数据信息的重要手段，是研究中最基础的工作；而在缺乏长期、连续监测数据的情况下，时空替代方法在海滨湿地景观研究中开始被运用。但是，目前的研究不仅缺乏将离散的数据空间化，而且缺乏从过程和机理上认识海滨湿地景观演变的规律。只有构建基于生态过程的景观模型，对海滨湿地景观演变时空过程进行模拟和预测研究，才能够从机理上阐明海滨湿地景观的演变过程和响应机制。

1.2.3　海滨湿地景观演变模拟模型研究

　　随着计算机等信息技术的进步和景观生态学研究的不断深入，一方面，直接调查和观测手段已不能满足研究的需要，显露出一定的局限性；另一方面，在较大的空间尺度上和较长的时间尺度上获取数据存在着一定的难度，同时在数据的凝练和机理挖掘方面都存在着诸多问题（徐延达等，2010）。景观模型能够充分利用有限的数据，结合不同时空尺度上的信息凝练景观演变的规律，揭示景观演变的内在机制，并可以诊断数据在获取方面的缺陷，增强对景观演变过程的认识。景观模型能够克服长期观测和实验的困难，已逐渐成为景观生态学研究的有效方法和手段。根据处理空间异质性方式的差异，可以将景观模型分为三大类：非空间模型、半空间模型和景观空间模型。非空间模型假设空间是均质的或者随机的，即在模型中完全不用考虑研究区的空间异质性的模型。半空间模型通常从统计学特征的角度考虑研究区的空间异质性，如 Levin 和 Paine（1974）提出的 Levin-Paine 斑块模型，将干扰、空间异质性和种群与群落生态学结合在一起。景观空间模型是明确考虑研究对象和过程的空间位置以及它们之间在空间上的相互作用关系的数学模型（邬建国，2007；Baker，1989；Shugart，1998；Levin and Paine，1974）。景观空间模型主要采用计算机来模拟景观空间异质性及非线性生态学关系。景观格局与生态过程相互作用是景观生态学研究的核心内容，因此景观空间模型也就成为景观模型中最典型的代表。根据研究对象的数据特征，可以将景观空间模型分为矢量型景观模型和栅格型景观模型。

矢量型景观模型，即研究对象的空间信息是矢量数据，包括点、线和多边形三大要素，通过三大要素的组合来表征景观的组成与结构。栅格型景观模型，即研究对象的空间信息是栅格数据，由栅格的大小及邻域关系组成，通过栅格的大小及空间位置来表征研究对象和过程的空间特征，每个栅格（元胞）包含了景观的类型及与之相对应的一个或者多个生态学变量。可以通过栅格的数量、大小、空间位置、邻域关系反映景观类型的数量、空间配置及生态学变量在空间上的相互作用，进而模拟景观结构和功能的动态变化。因此，栅格型景观模型是迄今为止应用最多的。空间概率模型（probabilistic model）、元胞自动机（cellular automata，CA）模型和空间机制模型（mechanistic landscape model）是目前比较常见的景观空间模型（邬建国，2007；Burrough and McDonnell，1998）。

1. 空间概率模型

空间概率模型，即马尔可夫模型，是景观生态学用来模拟景观动态变化的最早、最广泛的模型之一。它是根据两个不同时期的景观分类图，计算从一种类型到另一种类型的转化概率，然后，在整个栅格网上采用这些概率预测景观格局的变化。其不考虑栅格空间配置或者栅格单元的位置关系对景观转移概率的影响，因此在实际的景观预测中景观类型变化面积比例的准确率可以比较高，但是在景观空间配置方面的误差往往会比较大，也就是说，该模型可以维持一定的数量精度，但是在位置精度上就显得不足。该模型多用来描述或预测植被演替或植物群落的空间结构及土地利用变化（Acevedo et al.，1995；Aaviksoo，1995；Hobbs，1994；Turner，1987），如国外 Carreño 等（2008）利用马尔可夫模型对 1984～2002 年的海滨湿地景观变化进行研究；国内该方面的研究成果也不断增多（王学雷和吴宜进，2002；宁龙梅等，2004；韩文权和常禹，2004），如郝敬锋等（2010）利用马尔可夫模型对江苏海滨湿地 1987～2007 年的景观变化进行了分析。

2. 元胞自动机模型

元胞自动机模型是一种时间、空间和状态均离散的格子动力学模型，具有描述局域相互作用、局部因果关系的多体系统所表现出的集体行为及时间演化的能力（傅伯杰等，2001）。元胞自动机模型具有强大的空间运算和建模能力，能够模拟复杂系统时空演化过程。马尔可夫模型虽然能够预测下一个时刻景观结构在数量上的状态，但是缺乏空间因子，无法进行景观结构空间化。而元胞自动机模型的状态变量与空间位置紧密相连。所以将二者有机结合，可以实现对景观结构变化在数量和空间上的预测。从 20 世纪 90 年代起，元胞自动机模型已广泛应用于空间生态过程和景观格局研究中（Balzter et al.，1998；Clarke et al.，1997；Mundia and Aniya，2010；黎夏和叶嘉安，2005；苏伟等，2006），如孙贤斌（2009）利用马尔可夫模型与元胞自动机模型对江苏盐城海滨湿地景观格局进行了研究。

　　3. 空间机制模型

　　海滨湿地系统受人类活动（土地利用、城市发展等）的威胁，已引起越来越多的关注。而保护这些海滨湿地景观系统需要科学合理地评估人类活动造成的直接和间接的、时间和空间的影响，辨识自然条件和人类活动影响的差异，并且恰当地评估、预测景观系统长期的变化趋势，这就需要一个能够更好理解复杂海滨湿地生态过程的景观模拟模型。以马尔可夫模型、元胞自动机模型等为代表的景观格局模型的共同缺陷在于：一方面，忽略了生态过程对景观格局变化的影响，自然也就缺乏从机制上探讨景观格局变化；另一方面，由于缺乏对景观格局变化机制的研究，其模型的可靠性或者准确率完全依赖景观类型的转移概率和元胞的邻域规则，因此在缺乏详尽的数据和信息的支持下，景观模型很难对景观格局动态变化做出相对准确的模拟与预测（韩文权和常禹，2004；柯长青和欧阳晓莹，2006；秦向东和闵庆文，2007）。马尔可夫模型、元胞自动机模型等模型由于不考虑生态过程，所以模型不能从机制上详细解释景观格局变化的原因，也不能从机制上探讨格局变化趋势。生态过程是景观格局形成的重要影响因素，只有将生态过程积累、突变等因素考虑到模型中，才能从机理上模拟预测景观格局变化（Bolliger et al.，2005），空间机制模型就是最典型的代表。

　　空间机制模型有时也称作景观过程模型（process-based landscape model），是从机制出发模拟生态过程的空间动态，是一种基于生态过程的、复杂的、动态的和非线性的空间显式模拟模型。其通常是利用空间和过程技术，模拟不同驱动因素下的异质、动态景观格局及其变化（Schroder and Seppelt，2006）。景观结构和功能是相互作用的，因此必须考虑空间格局与生态过程的相互作用才能正确理解景观动态。景观过程模型涉及一系列生态和社会经济驱动变量，能够展示特定区域系统结构和功能变化，因此成为景观保护与管理的重要手段（Costanza et al.，1990；Voinov et al.，1999）。早在 20 世纪 90 年代，国外学者开发研究出了一系列基于生态过程的景观模型（Fitz and Sklar，1999；Aycrigg et al.，2004；Scheller et al.，2007；Millington et al.，2009；Krause et al.，2007；Gillet，2008）。例如，Fitz 和 Sklar（1999）建立了沼泽地湿地景观过程模型，该模型是区域尺度的、面向过程的模拟工具。设计它的目的是理解 Everglades 景观尺度上生态的相互作用。对于组成 Everglades 的异质景观，该模型集成了生态系统中水文、生物地球化学和生物过程模块，因此能够在相对精细的尺度（$0.25km^2$）上模拟沿着北-南高程梯度的变量（高程、水深、土壤积水期、地表水含磷量、毛孔水含磷量、土壤分解等）的异质性。Millington 等（2009）

通过构建火干扰过程模型，模拟地中海景观演替过程。Costanza 等（1990）建立了一个 CELSS（coastal ecological landscape spatial simulation）景观过程模型模拟 Atchafalaya 三角洲海滨湿地生态系统的演变，模拟不同水文条件、营养条件及海平面上升对海滨湿地植物覆被类型演变的影响。这些景观过程模型研究的一般思路是把景观分割为栅格单元，并且假设每个栅格单元的属性是同质的。然后通过将生态系统过程监测和历史时期数据作为模型输入数据，反复运行和校准模型。由于该类模型实质上是多种生态过程驱动下的模型与计算机的耦合，涉及多个相互作用的生态过程模型的研究，目前主要的研究方法是运用计算机编写程序代码或者通过建模工具、GIS 软件等将多个模型组合在一起，使模型间实现数据共享或数据传递，因而研究难度较大（Costanza and Voinov，2006；徐延达等，2010；Fitz et al.，1994）。目前，国内海滨湿地基于过程的景观模拟模型研究刚刚起步，成果非常少见，如李秀珍等（2002）率先在辽河三角洲利用景观空间模型，模拟了湿地养分截留与景观格局的关系；胡远满等（2004）利用空间直观景观模型（LANDIS）在大兴安岭进行了应用；张怀清等（2009）在盐城海滨湿地构建了基于可拓物元模型的湿地演化元胞自动机模型。

总之，景观模拟模型研究是目前国内外景观生态研究的前沿和重点领域之一，在机理性揭示景观动态过程，以及在区域环境管理中发挥了巨大作用。但是该方面研究在国内外差距较大。国内研究主要集中于对马尔可夫模型、元胞自动机等景观概率模型的应用研究。国外则非常重视构建特定区域的景观过程模型，并取得重要研究成果。目前，国内有关景观过程的模型研究刚刚起步，是亟待提高和加强的研究领域。

1.2.4　盐城海滨湿地景观过程未来研究重点

1. 景观演变驱动力研究

淤泥质海滨湿地景观演变是在自然和人为的双重驱动下发生的。目前对淤泥质海滨湿地景观演变驱动力的研究是突出人为驱动力的研究，或者是不加区分的复合驱动力研究，缺乏对自然和人为影响下的景观演变差异和响应机制研究。辨识不同驱动力下淤泥质海滨湿地景观演变的空间模式及响应机制，解释海滨湿地景观演变规律，是合理开发利用海滨湿地资源，有效管理海滨湿地的重要前提。

2. 加强景观过程的综合作用关系研究

景观格局是生态过程的载体，格局变化会引起相关生态过程的改变；而生态过程的改变也会使格局产生一系列的响应（徐延达等，2010）。盐城海滨湿地一方面受海洋潮汐等自然条件影响，湿地生态系统带状分布明显，呈现自然演替格局；另一方面，人类活动打破了其自然演化进程，导致生态系统突变，生态过程受阻或割裂，湿地生态正常演替发生改变。这其中的关键科学问题是自然和人为驱动下，湿地生态过程演变的规律及其影响机制是什么？各生态要素之间的相互作用关系如何？这种基于景观过程的景观格局及其演变规律正是盐城海滨湿地研究领域中相对薄弱的环节。海滨湿地景观变化过程可引起一系列的环境效应，包括环境功能弱化、生态服务功能下降、生物多样性降低等，如何积极主动地去干预生态过程，从生态过程与环境效应相互作用的角度创新湿地生态恢复的技术？海滨湿地景观过程的研究中会涉及多个时空尺度，尺度不同，其结果差异显著。关注的时空尺度不同，所考虑的生态过程和功能也就不同，综合不同尺度的研究能够降低研究结果中的不确定性，更为准确地揭示其景观格局与动态过程之间相互作用的规律性。

3. 重视侵蚀海岸的景观过程研究

盐城海滨湿地景观研究大部分集中在淤长型海滨湿地，但是盐城海岸具有快速淤长岸段与强烈侵蚀兼备的特征（张忍顺等，2002）。目前对侵蚀型海滨湿地景观过程的研究比较缺乏。侵蚀型海滨湿地地貌过程与淤长型海滨湿地明显不同，相应的水文过程、土壤过程与植被过程也应该表现出与淤长型海滨湿地截然不同的特征。但是目前对这些的研究还比较少。所以，无论从生态系统尺度监测侵蚀型海滨湿地水文、土壤、植被过程，还是从景观尺度研究其景观及格局变化，都有待进一步加强。

4. 重视景观过程研究方法的创新与应用

景观生态学的发展得益于现代科学技术的进步，尤其是 GIS 和 RS 技术的运用改善了景观生态学在大尺度上的研究难题，GIS 和 RS 技术已经被广泛地运用在海滨湿地景观研究中（吕一河等，2007）。根据海滨湿地的地理和生态特征，以计算机技术和数学方法为依托，跨学科地运用生物学、物理学、化学、数学、信息科学等学科的理论与方法，综合 GIS 和 RS 技术是海滨湿地景观过程研究的必然趋势。景观变化与模拟模型已成为近年来景观生态学的核心和重点研究内容之一。海滨湿地景观过程模型是一种基于生态过程的、复杂的动态的空间显示模拟模型。从自然和人为双重影响下的海滨湿地静态格局与动态过程出发，系统研究和建立适合海滨湿地景观演变特征的景观模拟模型；评估海滨湿地景观时空演变模式及其对自然和人类影响的响应机制；预测未来海滨湿地景观格局动态演变趋势，是亟待解决的科学命题。

1.3　主　要　内　容

1.3.1　研究目标

从景观空间格局变化和生态过程驱动角度，综合运用景观生态学原理、方法，以及 RS 和 GIS 等技术，研究自然和人为影响下盐城海滨湿地景观格局时空演变特征；揭示海滨湿地土壤理化性质空间分布特征，辨识影响盐城海滨湿地景观演变的关键生态因子，实现生态因子空间化研究；进一步确定影响盐城海滨湿地景观演变的生态阈值，运用 MATLAB 程序构建基于过程的湿地景观演变模拟模型；利用该模型对海滨湿地景观时空演变过程进行模拟研究，辨识自然条件和人工管理下海滨湿地景观演变模式及其响应机制；预测未来不同情境下海滨湿地景观时空变化趋势，并提出有效景观管理策略，为海滨区域生态、社会经济协调发展提供科学依据。

1.3.2　研究内容

1. 海滨湿地景观结构与格局时空变化研究

以区域 2000 年、2006 年和 2011 年的遥感影像为基本数据源，利用 RS 与 GIS 空间叠加方法，以及景观动态度、景观转移矩阵及质心分析等方法，系统揭示自然和人为影响下海滨湿地景观结构和格局时空变化特征及其差异性。

2. 海滨湿地景观生态过程研究

以 2011 年和 2012 年区域土壤生态要素调查数据为基础，系统分析自然和人类影响下海滨湿地土壤理化性质空间变化特征；运用典范对应分析（CCA）排序方法判断景观格局与土壤理化性质之间的耦合关系；进一步运用灰色关联分析方法辨识影响区域景观类型演变的关键生态要素。

3. 景观演变关键生态要素空间分异及限制阈值研究

以区域土壤生态要素调查数据和景观类型图为基础，运用人工神经网络模型方法，揭示海滨湿地关键生态要素的空间分异，并进一步通过图层叠加与分级统计，确定关键生态要素的生态阈值及演变规律。

4. 海滨湿地景观过程模型构建研究

综合利用区域景观结构空间分布图和土壤性状数据，从景观尺度，以 MATLAB

编程软件和元胞自动机模型为基础，将生态过程数据与景观格局数据进行 GIS 耦合研究，构建海滨湿地景观过程模拟模型，并对模型进行检验。

5. *海滨湿地景观情景预测研究*

根据区域发展和景观变化特征，书中设置三种不同的情景模式，分别为现状模式（情景Ⅰ）、生态恢复模式（情景Ⅱ）和保护本地物种碱蓬模式（情景Ⅲ），对海滨湿地景观演变进行情景模拟，并提出海滨湿地有效景观管理策略。

1.3.3　关键问题

1. *如何辨识海滨湿地景观生态过程演变规律及限制阈值？*

海滨湿地是位于海陆交错地带，受景观尺度生态过程影响的具有独特景观结构和功能的复杂系统。一方面，海滨湿地受海洋潮汐等自然条件影响，湿地生态系统带状分布明显，呈现自然演替格局；另一方面，人类管理活动打破了其自然演化进程，导致生态系统突变，生态过程受阻或割裂，湿地生态正常演替发生改变。这其中的关键科学问题是哪些生态要素是控制生态过程的关键驱动因子；这些关键生态因子的限制阈值如何判断；自然和人为影响差异条件下，湿地生态过程演变具有哪些规律。

2. *如何实现海滨湿地景观演变模拟模型研究？*

本书尝试将生态过程驱动要素纳入景观模型构建中，创建一种具有空间动态显示能力的景观演变模拟模型。这其中的关键科学问题包括两个方面：一是确定景观栅格单元之间受生态过程影响的相互作用关系；二是创建一种基于生态过程控制的景观模型研究方法，实现景观过程演变的动态模拟研究。

1.4　技术路线和主要创新

1.4.1　技术路线

以 ETM+ 遥感影像为基础，以盐城基础数据和地形图为辅助，结合相关历史资料和多次野外湿地调查结果，在 ENVI 4.7 中，对 ETM+ 影像进行解译，并在 ArcGIS 9.3 中制作海滨湿地景观类型图。在此基础上，运用 GIS 技术、景观结构与格局指数、景观动态度、景观转移矩阵和质心分析等方法，揭示海滨湿地景观结构与格局时空变化特征，并进一步辨识在自然和人为影响下海滨景观时空变化的差异性。另外，依据海滨湿地土壤生态监测数据，分析海滨湿地土壤空间差异，并通过灰色关联分析，辨识影响海滨湿地景观演变的关键生态要素；进一步利用人工神经网络模型，实现海滨湿地关键生态要素空间化研究，以此为基础，结合景观类型图，确定景观类型演变阈值。再根据海滨湿地景观结构空间分布图、关键生态要素空间分异图及海滨湿地景观类型演变阈值，运用 GIS-MATLAB-CA 集成技术，构建基于过程的景观演变模拟模型，并对模型精度进行检验。最后，根据区域发展和景观变化特征，设置不同的情景模式，模拟预测不同情景下海滨湿地景观演变趋势。研究技术路线图具体见图 1-1。

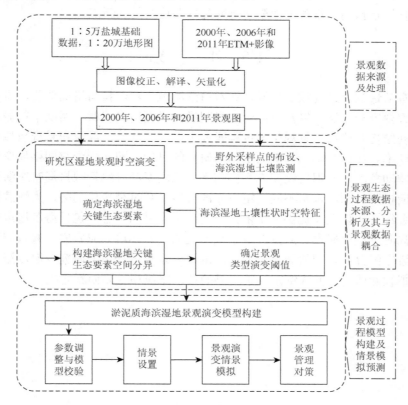

图 1-1　研究技术路线图

1.4.2　主要创新

1. 内容上的创新

海滨湿地景观演变受景观尺度生态过程驱动。本书将针对以往景观结构与格局变化的不足，将生态过程要素纳入景观演变研究中，构建一种基于过程研究的景观模拟方法，揭示区域湿地景观过程演变规律及其影响机制；辨识自然和人为管理差异条件下的湿地景观演变基本模式。该方面研究体现了内容上的创新。

2. 方法上的创新

海滨湿地景观演变过程实质上受生态过程驱动。以往研究基于生态系统尺度的生态过程研究较多，而将生态过程与景观演变系统考虑的基于过程的景观模拟模型研究非常薄弱。本书建立的景观过程模型，系统考虑了海滨湿地景观演变生态过程，能够模拟研究过去及未来自然和人类影响下湿地景观演变动态、机制，以及各种情景预测。景观过程模型研究是本书重要的创新点。

1.5 小　　结

本章从选题背景与意义出发，针对海滨湿地景观结构与格局变化、景观生态过程研究内容与方法，以及海滨湿地景观模拟模型研究现状，明确了盐城海滨湿地在景观结构与格局、景观生态过程研究上的薄弱环节，以及在景观模拟模型研究上的缺陷。在此基础上，确定了本书研究的目标，即从景观空间格局变化和生态过程驱动角度，辨识自然和人为影响下淤泥质海滨湿地景观格局时空演变特征及其响应机制，预测未来不同情境下海滨湿地景观时空变化趋势，为海滨区域生态、社会经济协调发展提供科学依据；明确了本书的内容，包括海滨湿地景观结构与格局时空变化研究、海滨湿地景观变化的生态环境效应研究、海滨湿地土壤关键要素空间分异及阈值影响研究、海滨湿地景观过程模型研究及海滨湿地景观情景模拟预测研究，并详细阐述了本书的技术路线和主要创新之处。

第 2 章 研究区概况

　　盐城海滨湿地是目前仅存的具有国际重要保护意义的原始海滨湿地类型之一，在维持区域生物多样性和协调社会、经济发展中具有重要意义。根据本书的研究目标和主要内容，选择具有代表性的典型区域，对其自然地理条件与社会经济发展现状进行描述。

2.1　研究区的选择

2.1.1　盐城海滨湿地范围界定

　　海滨湿地位于海陆交汇地带，是相对于陆地和海洋的具有多重功能的过渡带，也是重要的湿地类型（王树功和陈新庚，1998；王自磐，2001）。国内外学者对海滨湿地有着不同的论述，至今还没有形成一个比较全面的、能被湿地学界普遍接受的定义。《牛津生态学词典》（1998 年版）中定义盐沼湿地为：河口地区长有植被的泥滩，植被的成带分布特征反映了不同潮汐的淹没时间，由于水体盐度的影响，植被以盐生植物为主（陆健健等，2006）。1971 年，在伊朗的 Ramsar 签署的《关于特别是作为水禽栖息地的国际重要湿地公约》（简称《湿地公约》）中对海滨湿地的范围做了定义：低潮时水深不超过 6m 的永久水域。目前，国内比较有代表性的就是陆健健提出的"陆缘含 60%以上湿生植被区、水缘海平面以下 6m 的近海区域，包括自然的或人工的、咸水的或淡水的、流动的或静止的、间歇的或永久的所有含水区域（枯水期水深 2m 以上的水域除外）"，进一步分为潮上带淡水湿地、潮间带滩涂湿地、潮下带近海湿地和沙洲离岛湿地四个子系统，基本覆盖了潮间带的主要地带，以及直接与之有密切关系的相邻区域（张晓龙等，2005；陆健健，1996）。鉴于此，海滨湿地应该包括潮上带（包括部分已围垦区）、潮间带、潮下带上边缘部分。因此，界定盐城海滨湿地范围：西至海堤公路附近，东至海水–3m 等深线，北至灌河，南至北凌河，分属响水、滨海、射阳、大丰和东台五县（市、区），是典型的粉沙淤泥质海岸，也是太平洋西岸、亚洲大陆边缘面积最大的海滨淤泥质滩涂湿地。该区湿地具有特殊的生态环境和社会经济功能，对维护区域可持续发展具有重要作用，已经被列入"国际重要湿地名录"。江苏省人民政府于 1983 年批准在盐城海滨湿地建立盐城湿地自然保护区，1992 年经国务院批准，盐城自然保护区晋升为江苏盐城国家级珍禽自然保护区，总面积为 28.42 万 hm²，主要保护丹顶鹤等珍禽及沿海滩涂湿地生态系统。2012 年 1 月 20 日，环境保护部调整盐城国家级自然保护区范围，调整后的保护区面积为 24.726 万 hm²。

2.1.2　研究区范围

本书将研究区域选择在盐城海滨湿地中部，为典型淤泥质海滨湿地。研究区范围北至射阳的新洋港河，南至大丰的斗龙港河，西至海堤公路，东至光滩边缘（以 2006 年 ETM+ 影像为基准），包括潮上带、潮间带和潮下带三大区域。域内湿地景观变化显著，总面积 1.92 万 hm²。研究区内主要湿地类型为芦苇沼泽、碱蓬沼泽、米草沼泽和光滩，见图 2-1。

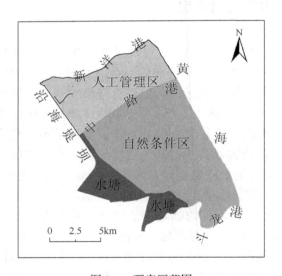

图 2-1　研究区范围

研究区域内包含自然条件控制和人工管理两种不同驱动模式的景观演变模式。按照区域发展方式和景观特征，进一步将研究区分为南北两部分：南至斗龙港河，北至中路港道路的区域，目前基本保持原始的自然状态，基本完全处于自然条件控制，是盐城淤泥质海滨湿地的典型代表区域；南至中路港道路，北至新洋港河的区域，由于实施了湿地恢复工程等人工管理措施，基本改变了原始状态，是人工管理下海滨湿地的典型代表区域。

2.2　盐城海滨湿地自然地理特征

2.2.1　地质地貌特征

　　盐城海滨地区的地质构造为扬子准地台区，属于以海相碳酸岩和碎屑岩为主的地台型地层，是从震旦纪晚期到早、中三叠世，在前震旦纪结晶的基底上发育起来的各时期的地层系统基本齐全的地层。全境地层为第四系所覆盖，自新近纪以来，盐城海滨地区一直处于沉降堆积的过程，古生界发育齐全，中生界和新生界广泛分布，新生代地层在海滨地区的总厚度可达 3500m。

　　盐城海滨湿地的地貌过程与物质基础（供沙条件）和水动力（海平面变化、潮流、潮汐）相关。泥沙供应丰富，潮差大的区域，潮滩发育就宽广，当泥沙供应量减少或消失，波浪和潮流的侵蚀将使潮滩缩小。泥沙来源可以分三个部分，一是 1128 年黄河夺淮入海到 1855 年北归渤海，黄河带来的巨量泥沙；二是长江三角洲的部分沉积物；三是其他河流携带的泥沙。1855 年黄河北归山东入渤海，废黄河口因泥沙源骤减开始侵蚀后退，侵蚀岸段的范围逐渐向南延伸，所以导致废黄河三角洲开始后退，即使修筑了混凝土海堤护岸，侵蚀仍在继续（滩面下蚀）。侵蚀的泥沙和长江口的泥沙受潮流的影响在以弶港为中心的中南部潮滩进行堆积，使中南部潮滩继续向海延伸，这些过程为"南淤北蚀"格局的形成奠定了物质基础。随着废黄河三角洲侵蚀强度的减弱，而长江的年输沙量较为稳定，以及河口不断缓慢南移，导致北上泥沙减少，形成了"蚀进淤退"的格局。

　　侵蚀型岸段（灌河口—射阳河口），标准岸线长 133.3km，堤外滩面较窄，平均宽度 0.5～1.0km，废黄河口附近最小，向南北逐渐变大，狭窄且无明显景观分带，滩面高程 2m 左右，从堤坝向海 200m～2km 形成陡坎，潮下带高程迅速降低。从 1855 年黄河北归至今，岸线已累计后退 20km 左右，年后退 160.71m，而且海岸侵蚀南移的趋势明显（张忍顺等，2002；王颖和朱大奎，1990；陈洪全，2006；戴科伟，2006），1972～1988 年平均南移速度为 1.1km/a，而且近年来南移的速度明显加快，这种侵蚀结果是潮滩的宽度变窄，高程降低，坡度加大（季子修等，1993，1994）。20 世纪 50 年代至 80 年代末，海岸的年平均侵蚀量从 668 万 m^3 上升到 910 万 m^3（陈才俊，1990）。淤蚀转换型岸段（射阳河口—斗龙港），即由北部射阳河口的蚀退逐渐过渡为斗龙港附近的淤长，标准岸线长 76.9km，表现为：在高潮线附近岸滩继续向海淤长但淤长速度逐渐减缓；低潮线附近开始转为侵蚀状态并有逐渐加快的趋势，滩面继续淤长（季子修等，1994）。淤长型岸段（斗龙港—新港闸），标准岸线长 371.8km，堤外滩面较宽，宽 10km 左右，最窄处 4km，最宽处可达 30km，平均淤长速度 100m/a，最大淤长速度可达 200m/a（蹲门—弶港），坡度约 0.2%，分带明显，高 2～4.5m，岸外有辐射沙洲，南部高程在 3m 以上（杨桂山，2002；吴曙亮和蔡则健，2003；张忍顺等，2002；王颖和朱大奎，1990；陈洪全，2006；戴科伟，2006）。另外，根据杨桂山（2002）的研究，淤长岸线长度缩短，淤积总量不断减少，淤长呈逐步减缓的趋势。平均低潮位以上潮滩淤积量从年均 2400 万 m^3 减至 2300 万 m^3（季子修等，1993）。此外，海岸外围发育着巨大的辐射沙洲群，南北长达 200km，东西宽 90km，面积达 2125.45km^2（理论深度基准面 0m 以上）。如果扣除其中与大陆岸滩相连或其间分界不是十分清楚的沙洲，岸外沙洲总面积为 1268.38km^2。以东台弶港为中心向外呈辐射状分布，由顶点向北、向东和向东南分布着 10 条形态完整的大型海底沙脊，各沙脊长约 100km，宽约 10km。其中低潮时能够部分露出滩的沙脊有 8 条，每条沙脊包括 5～12 个大小不等的沙洲，沙洲总数有 70 多个，面积在 1km^2 以上的有 50 个（徐汉炎等，1992）。侵蚀型海岸与淤长型海岸比较见表 2-1。

表 2-1　侵蚀型海岸与淤长型海岸比较

海岸类型	范围	平均宽度/km	平均高程	主要动力	淤、退速度/(m/a)	趋势
侵蚀海岸	灌河口—射阳河口	0.5～1	2m 左右	黄海旋转潮波	160.71	加快
淤长海岸	射阳河口—北凌河口	10	2～4.5m	东海前潮波	100	减缓

2.2.2　气候特征

盐城海滨湿地位于我国亚热带向暖温带的过渡地带，季风气候显著，受南北气流和海洋、大陆双重气候的影响，气候温和。太阳年平均辐射总量为 115～121cal/cm^2[①]，北部多于南部，由北向南递减。年平均气温在 13.7～14.8℃，年平均积温达 4600℃。根据 1983～2010 年的当地气象多年监测数据，研究区内多年平均降水量为 1037.60mm，年际降水变异系数为 24.09%，年最大降水量为 1510.50mm，年最小降水量为 621.70mm。根据多年月平均数据可以看出，研究区降水主要集中在 6～9 月，占全年降水量的 65.29%。从 5 月开始，降水逐渐增多，在 7 月、8 月达到最大值后开始迅速减少，降水呈现明显的季节分配不均特征，

---

① 1cal＝4.1868J。

年内降水变异系数为 82.68%，如图 2-2 所示。全年平均风速近岸边为 4～5m/s，海上为 5～7m/s，东西差异大，南北基本相近，由内地向沿海逐渐增大。苏北灌溉总渠以北全年最多的风向为北—东北—东北偏东，总渠以南全年最多的风向为东南偏东—东南—东南偏南，夏季多东南风，春秋两季多北风和东北风，冬季多偏北风。主要灾害性天气有台风、暴雨、春寒。

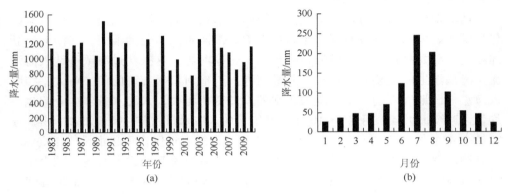

图 2-2　研究区多年降水量（a）与月平均降水量（b）图

2.2.3　水文特征

在过去的 100 年中，我国海平面与世界海平面总变化趋势基本一致，海平面上升了 10～20cm，平均上升速率为 1.4mm/a，海平面呈现加速上升的趋势，且随着气候的变暖，未来海平面上升将更加迅速（夏东兴等，1993；Warrick and Oerlemans，1990）。未来海平面上升引起的海岸线后退，将对海岸地带尤其是平原海岸带造成灾难性影响（夏东兴等，1993）。1968～2000 年，江苏沿海海平面平均上升速率在 0.29～1.0cm/a（王颖和王小银，1995），海平面上升作为海岸侵蚀的主要影响因素已受到越来越多的关注。海平面世纪性的持续上升，导致海岸水下斜坡深度加大，使波浪对沉溺古海岸的扰动作用逐渐减小，而引起海底泥沙的横向供沙量减少，同时，海平面的持续上升，增加了潮汐、波浪对上部岸滩的冲刷频率和强度。另外，海平面的上升，降低了入海河流的坡降，使径流的动能减弱，导致入海沙量的减少。

对盐城海滨湿地影响最大的是潮流与潮汐作用。盐城沿海潮流南受东海前进潮波控制，北受黄海旋转潮波控制，两者在东台海岸外辐合。盐城沿海潮汐属于非正规半日潮，潮差较大，平均潮差 2～4m，潮汐作用强，最大潮差可达 6.7m（杨桂山，2002）。盐城北部废黄河三角洲沿岸以波浪侵蚀为主，侵蚀物质通过沿岸流向南搬运，促进苏北中部海岸和辐射沙洲不断淤长。南部沿岸涨潮流速明显大于落潮流速。在低潮线，涨落潮流的方向与海岸的夹角只有 20°～30°，越向岸夹角越大，到高潮线时基本与海岸呈垂直相交；涨潮时从低潮线到高潮线，潮流与海岸夹角的增大，可以将泥沙冲向潮滩，而落潮时从高潮线到低潮线，潮流与海岸夹角的减少，有利于泥沙在潮滩上沉降下来。另外，涨落潮流最大含沙量滞后最大涨落潮流 1h，保证了在一个潮周期中，泥沙作净向岸运动，能够在潮滩上有所积累（李杨帆和朱晓东，2003）。

盐城地处淮河下游，沿海地区分属两大水系，废黄河以北属沂沭泗水系，包括灌河、中山河、废黄河；废黄河以南属淮河水系，包括淮河、射阳河、新洋港河、斗龙港河、川东港河、东台河、三仓河等。这些穿过海滨湿地入海河流是海滨湿地的重要组成部分，除灌河外，其他河口全部有闸门，可人工控制入海流量。地表水的水文过程与降水的季节变化相关，入海水量年内分配也不均匀，连续最大 4 个月（7～10 月）多年平均入海水量占年总水量的 70.8%，连续最小 4 个月（12 月至翌年 3 月）多年平均入海水量仅占年总水量的 10.6%。冬春冲淤保港水源严重不足，而几乎所有的入海河流都修建了河闸，减少了入海水量与沙量。地下水的 pH 在 7.82～8.44，呈弱碱性，主要盐分 $Na^+>Mg^{2+}>K^+>Ca^{2+}$，埋藏深度在 110～150cm（刘广明等，2005）。

2.2.4　土壤特征

由于盐城海滨湿地土壤在形成过程中受海水长期浸渍，普遍具有盐分较高、肥力较低的特点。滨海盐土在潮间带，可分为三大类型，分别是潮滩盐土、草甸滨海盐土和沼泽滨海盐土。潮滩盐土是由成土初期的原始成土过程形成的，一般发育在平均高潮位以下，位于潮间带的板沙滩和浮泥土滩，土壤发育程度很低，是滨海盐土的最初成土阶段，土壤剖面层次不明显；土壤含盐量大于 0.6%，最高可达 2.5%；表土有机质含量一般在 0.5%左右，低至 0.2%。草甸滨海盐土是草滩上经过草甸化成土过程发育形成的，一般分布在平均高潮位以上，是潮间带土壤发育的最高阶段，底土有沉积层理；土壤含盐量 0.1%～0.6%，土壤有机质含量平均值在 0.91%。沼泽滨海盐土分布在有咸淡水交汇的河口边滩，有成片的沼泽植物发育，土壤在沼泽生态下进行沼泽化成土，土壤剖面中有潜育层，土壤盐度在 0.2%～0.7%，土壤有机质含量平均值为 1.5%。

2.2.5　自然资源条件

盐城海滨地区位于北亚热带暖向暖温带过渡带，适宜的气候、优越的地理位置、海陆两相作用有利于各种生物在此生殖繁衍。因为其独特的水文地貌过程，盐城海滨发育了沿海岸延伸、东西更替的芦苇沼泽、碱蓬沼泽和米草沼泽，蕴藏了近 500 种隶属于 100 多科、400 多属的植物资源。海滨湿地宽缓的潮滩湿地、广阔的草场为动物提供了重要的活动和栖息场所。为了保护丹顶鹤、麋鹿、獐、白天鹅等稀有动物的栖息地，1992 年在盐城海滨湿地建立了江苏盐城国家级珍禽自然保护区，1996 年建立了江苏省大丰麋鹿国家级自然保护区。盐城自然保护区核心区内主要保护丹顶鹤等珍稀物种及其赖以生存的海滨湿地资源，是中国沿海最大的丹顶鹤越冬地。江苏省大丰麋鹿国家级自然保护区拥有湿地 7.8 万 hm^2，是全球第二大麋鹿种群地。另外，从南到北众多的河流穿越海滨湿地入海与南北两股潮流在河口处交汇，为鱼、虾、贝、蟹等生物提供了良好的栖息和繁殖场所。在近海和潮间带生物中，可以分为浮游生物、底栖生物和游泳动物三大类型。浮游生物中，有 190 余种浮游植物、98 种浮游动物；底栖生物中，有 84 种固着性海藻、198 种底内和底上潮间带动物、193 种近海底栖动物；游泳动物中，鱼类隶属约 17 目 73 科 119 属，约 150 种。

2.3　社会经济概况

2.3.1　经济发展概况

2009 年《江苏沿海地区发展规划》从地方决策上升为国家战略，进一步突出了盐城在沿海开发战略中的作用，加快了盐城海滨地区社会经济的发展。在沿海开发战略的带动下，盐城社会经济发展取得了一系列的成绩。2011 年盐城全市完成地区生产总值 2771.33 亿元，其中沿海五县（市）完成地区生产总值 1482.02 亿元，占全市的 53.48%。沿海五县（市）第一产业完成增加值 270.96 亿元，第二产业完成增加值 660.56 亿元，第三产业完成增加值 550.50 亿元，人均 GDP 为 31 876.88 元，三次产业结构协调发展，第一、第二、第三产业比重为 18.28∶44.57∶37.15。在空间上，盐城沿海五县（市）经济总体上呈南高北低趋势，东台、大丰经济最好，人均 GDP 已超 4 万元；滨海最差，人均 GDP 只有大丰的一半，如图 2-3 所示。盐城充分利用沿海国家一类口岸大丰港及射阳港、陈家港、滨海港等港口资源，发挥滩涂资源优势，大力发展海洋经济。至 2011 年底，沿海港口吞吐量达到 2101.40 万吨，比 2010 年增长了 89.80%，其中国家一类港口大丰港的吞吐量为 1237 万吨；完成外贸吞吐量 168.2 万吨，完成集装箱 3.03 万标准箱（盐城统计局，2012）。

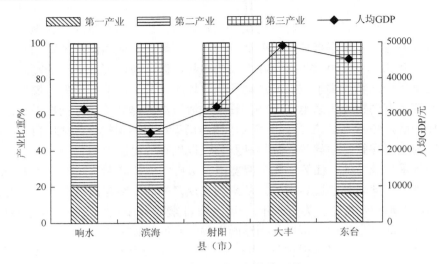

图 2-3　盐城沿海地区经济发展情况

2.3.2　社会发展水平

2011 年末，盐城沿海五县（市）人口总数 464.92 万，其中非农业人口 177.40 万，占总人口的 38.16%。城市化水平，东台最高为 51.6%，滨海最低为 45.4%（图 2-4），城镇空间分布总体上呈凝聚状态，南部密度高，北部密度低。平均人口密度为 372 人/km²，大丰最低，仅为 237 人/km²；滨海最高，为 627 人/km²。2011 年，人口自然增长率，滨海最高达 17.44‰，大丰最低，为–0.22‰，呈负增长。居民恩格尔系数总体上呈现北高南低的格局，滨海最高达 50.8%，大丰最低为 34.7%，如图 2-4 所示。城镇人均居住面积超过 30m²，卫生服务体系健全率都达到了 99% 以上，新型农村合作医疗覆

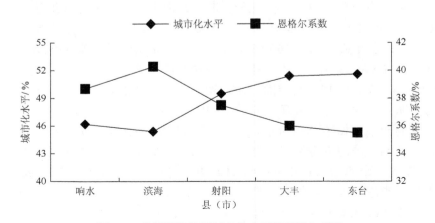

图 2-4　盐城沿海地区城市化水平及恩格尔系数

盖面除响水县外都达到 100%，高中阶段入学率都超过 97%，城镇劳动保障三大保险覆盖面都在 95%以上，信息化基本普及。交通运输有了长足发展，尤其是农村交通基本实现了村村通公路，农村行政村通灰黑公路比重达到了 100%；港口吞吐量突破 2000 万吨，其中大丰港为万吨级泊位（盐城统计局，2012）。

2.4 小 结

本章在分析国内外对海滨湿地范围的论述的基础上，初步对盐城海滨湿地范围进行了描述，包括潮上带（包括部分已围垦区）、潮间带、潮下带上边缘部分。根据区域景观变化特征，在盐城海滨湿地中部选择具有代表性的典型淤泥质海滨湿地区域为研究案例，并根据区域发展和景观变化特征，将研究区分为自然和人为管理两种模式。最后，进一步概述了盐城海滨自然条件、社会经济发展情况，为深入研究海滨湿地景观演变奠定了基础。

第3章 数据来源与研究方法

根据研究区特征，针对研究目标和研究内容，研究数据来源包括两大类：一是景观数据，主要是遥感影像及相关的辅助图件；二是景观生态过程数据，主要通过野外实地监测，掌握第一手数据信息。本章主要对数据的来源与处理方法进行概述，并对相关数据进行初步处理与分析。

3.1 景观数据来源与处理

3.1.1 景观数据来源

本书研究中，在盐城海滨湿地内选择典型淤泥质海滨湿地为研究区，研究区面积为 $1.92 \times 10^4 \text{hm}^2$。相对于流域或者跨流域、县（市）级行政区及整个盐城海滨湿地等大、中尺度研究区域而言，所选择的研究区面积相对较小。在这样一个小尺度的研究区内，为了能够反映区域景观变化特征及人为和自然影响下的景观结构与格局变化的差异性，对景观数据提出了一定的要求。在研究中，为了统一尺度，避免不同的数据源在分辨率上的差异，选择相对精度较高的统一数据源 ETM+ 遥感影像为景观基础数据源。ETM+ 遥感数据包括 2000 年、2006 年和 2011 年共 3 幅 ETM+ 遥感影像（编号分别为：L71119037_03720000504、L71119037_03720060521、L71119037_03720110924），见图 3-1。ETM+ 遥感影像包括来自同一传感器的 7 个多光谱波段（分辨率 30m），分别是 B1 蓝色波段 0.45～0.52μm、B2 绿色波段 0.52～0.60μm、B3 红色波段 0.63～0.69μm、B4 近红外波段 0.76～0.90μm、B5 短红外波段 1.55～1.75μm、B6 热红外波段 10.5～12.5μm（分为高增益和低增益两部分）、B7 短红外波段（波长大于 B5）2.08～2.35μm，1 个 B8 全色波段（分辨率 15m），两种分辨率数据可以实现高精度融合。

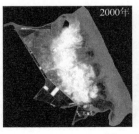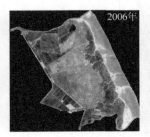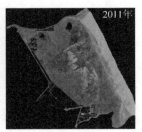

图 3-1 海滨湿地 2000～2011 年遥感影像

　　另外，辅助数据包括 1988 年国家海洋局和国家测绘局出版的《中国海岸带和海涂资源综合调查图集（江苏分册）》中海岸带图件，具体有：1∶20 万新洋港口地形图、1∶20 万新洋港口地貌图、1∶20 万新洋港口土壤图、1∶20 万新洋港口水文地质图、1∶20 万新洋港口植被图、1∶20 万新洋港口土地利用现状图及 2007 年中国地图出版社出版的《江苏省地图册》等历史图件；1∶25 万江苏省基础数据包括市、县、乡镇行政范围图、道路图、水系图、居民点分布图；研究区地形图；国家海洋局我国近海海洋综合调查与评价专项（以下简称 908 专项）"江苏滨海湿地保护与土地利用潜力评价"（JS-908-02-07）等矢量电子地图。

3.1.2　海滨湿地景观分类体系的建立

　　海滨湿地是介于海陆之间的复杂的自然综合体，生态系统类型多样，根据研究区域的景观特征，结合研究需要，参照《湿地公约》中对湿地的定义，将海滨湿地景观分为自然湿地和人工湿地两大类，其中自然湿地包括芦苇沼泽、碱蓬沼泽、米草沼泽、光滩、河流 5 种类型；人工湿地主要为水塘；非湿地主要为堤坝，见表 3-1。

表 3-1　海滨湿地景观分类系统

一级分类	二级分类	分类说明
自然湿地	芦苇沼泽	小潮高潮位以上，芦苇盖度 85% 以上
	碱蓬沼泽	大潮高潮位与平均高潮位之间，碱蓬盖度 50%～80%
	米草沼泽	平均高潮位与小潮高潮位之间，米草盖度 70%～90%
	光滩	小潮高潮位以下
	河流	天然河流、潮沟
人工湿地	水塘	人工开挖的池塘
非湿地	堤坝	—

3.1.3　遥感数据处理

　　选择合适的方法对遥感图像进行解译、分类、验证和修改，并建立研究区域景观类型图，这关系到遥感数据的精度，将直接影响景观分析的结果。

目前遥感图像自动解译方法主要是监督分类和非监督分类，尤以监督分类方法的研究和应用最广，但是其也存在缺陷，监督分类需要大量的人工训练样本。所以，在遥感图像处理中如何增强图像信息差异，提高信息识别程度，以便精确区别海滨湿地景观类型是目前遥感解译中的主要难题。一般采用提高遥感影像分辨率的方法，但是仍然存在"同谱异物"和"同物异谱"的现象，限制了遥感图像解译的精度。在本书中，遥感图像分类采用了多种分类方法相交叉，并在野外多次实证的基础上完成。遥感数据的所有处理过程是在ArcGIS 9.3 和 ENVI 4.7 中完成的。

1. 遥感影像预处理

首先，将 ETM+ 遥感影像的各波段图像文件和对应的去条带文件导入 ENVI 4.7 中。运用 tm_destrip 去条带工具，去除 ETM+ 影像的条带［Landsat-7 ETM+ 机载扫描行校正器（scanlines corrector，SLC）发生故障，导致 2003 年 5 月 21 日以后的 ETM + 影像数据条带丢失，影响了遥感影像的质量］。其次，在 ENVI 4.7 中，选择 FLAASH 模块对遥感影像进行大气校正。FLAASH 模块是基于 ModTran4 传输模型的大气校正模块，可以消除光照、大气等因素对地物反射的干扰，能够从多光谱遥感影像中获得地物的地表反射率的真实参数，是反演多光谱遥感影像反射率的理想大气校正模型。在大气校正的基础上，进一步进行遥感影像的几何校正，在图像上选取有显著特征的、容易辨识的标志性地点，如道路、堤坝及河流的交叉点、典型的建筑标志等，在野外采用 3 台 GPS 定位，通过取其平均值的方法确定控制点坐标。采用最邻近像元重采样与二次多项式的计算方法对初始影像进行几何校正，使均方根（root mean square，RMS）小于 0.5 个像元。最后，由于不同时期、不同潮位条件下光滩的面积是不一样的，为了统一研究区的面积，同时考虑到其他景观类型的完整性，以 2006 年遥感影像为基础，在 ENVI 4.7 中建立一个统一的感兴趣区域（region of interest，ROI），然后运用 Basic Tools→Subset Data via ROIs 进行统一裁剪。

2. 波段处理

在波段分析阶段，如果直接采用 3 个波段进行彩色合成，会损失其他波段的信息；如果对各个波段进行逐个分析，不仅烦琐而且增加了工作的难度，相对来说，噪声也会增加。所以，运用 Principal Components 模块进行主成分分析，既能包括尽量多的信息，也能减少数据的维数。对预处理后的图像，选择 B1～B5 和 B7，建立一个新的多波段文件，进行主成分分析。结果如表 3-2 所示，可以看出，2000 年、2006 年、2011 年三期影像中，前三个主成分的累计贡献率都超过了 99.50%，并进行 RGB 彩色合成，尽量突出地物的反差。

表 3-2　遥感影像主成分分析

主成分	2011 年		2006 年		2000 年	
	特征值	累计贡献率/%	特征值	累计贡献率/%	特征值	累计贡献率/%
PC1	5490.70	90.58	8748.39	95.27	17568.93	93.05
PC2	501.85	98.86	374.79	99.36	1249.56	99.67
PC3	39.35	99.51	34.94	99.74	49.21	99.93
PC4	27.13	99.96	20.03	99.95	7.61	99.97
PC5	1.53	99.98	2.19	99.98	4.49	99.99
PC6	1.17	100.00	2.06	100.00	1.05	100.00

　　对高分辨率的全色波段（B8）进行增强处理，采用高通滤波器（HPF 变换），HPF 变换在保持高频信息的同时，消除了图像中的低频部分，尤其可以用来增强不同区域之间的边缘。HPF 变换是运用一个具有高的中心值的变换核来完成的，在 ENVI 中默认使用 3×3 的变换核。

　　将其余多光谱数据调整为统一的空间分辨率。在 ENVI 4.7 中，运用 Transform→Color Transform→RGB to HSV，对多光谱彩色进行空间变换。将高分辨图像与彩色空间变化后的 V 波段进行直方图匹配，将 V 波段保存为 Float point 类型。运用与高分辨率图像进行匹配过的 V 波段进行彩色空间的反变换，即 HSV to RGB。这样，就完成了多光谱与全色波段的图像融合。

　　3. 非监督分类

　　根据盐城海滨潮滩湿地的特征，海岸带植被的光谱信息在遥感影像上显得相对复杂，容易出现被错分或者漏分的现象。所以在解译遥感影像时采用重复自组织数据分析技术（ISODATA）、人机交互的非监督分类（unsupervised）方法，具体操作是在 ENVI 4.7 中调用 Classification→Unsupervised→Isodata 分类模块。

　　盐城海滨湿地植被的波谱信息的相关性较大，不同植被或者同一种植被之间存在着"异物同谱"与"同物异谱"的现象，导致有些植被不易被识别，其中最主要的是芦苇与米草。在这种情况下，非监督分类时，为防止错分或者漏分，海滨湿地植被分类的数量一般设置为实际类型数量的 3～5 倍，然后再进行合并，从而提高分类的精度。在海滨湿地遥感图像解译中，初始分类数量设置为 30 类，将按照 30 类地物分类的图像进行合并处理，并重新赋值，尽可能将海滨湿地的地物归纳为：水塘、河流、芦苇沼泽、碱蓬沼泽、米草沼泽和光滩 6 类。由于河流具有固定的位置，完全可以根据实际情况判读出来，所以在实际分类中，关键要区别出水塘、芦苇沼泽、碱蓬沼泽、米草沼泽和光滩 5 类。

4. 决策树分类

由于海滨湿地遥感影像光谱比较复杂，完全依靠光谱特征的非监督分类方法在解译中比较难获得较高的解译精度。另外，米草沼泽和芦苇沼泽、水塘与光滩存在着"异物同谱"的特征，完全依靠光谱特征很难将其细分开来。所以，采用决策树对初次分类结果进行改进，下面以 2006 年遥感图像处理过程为例进行说明。

如何快速准确地识别地物类型、提取地面信息，关键问题是特征选取。当识别与提取的对象确定后，识别与提取中最核心的问题就是如何找到最有效的特征和特征集来反映地物的差异（伍蓝，2008）。对不同时期的 ETM+ 影像进行特征提取。首先，利用 Transform-NDVI 模块，选择 ETM+ 的 B3 和 B4 波段计算生成归一化植被指数（NDVI）图像。然后，利用 Basic Tool 中 Region of Interest 工具在分类明确的地物区选择感兴趣区，对 B1～B5 和 B7 这 6 个波段信息、PC1～PC3 组分和 NDVI 植被指数进行光谱特征统计，从而归纳提取出可以区分开各类地物与植被类型的阈值。

第一，植被与非植被的划分。表 3-3 中，海滨湿地植被与非植被的 NDVI 值有着显著的差异，光滩和水塘的 NDVI 最大值大于 0.3475，芦苇沼泽、碱蓬沼泽和米草沼泽的 NDVI 值小于等于 0.3475。

表 3-3　NDVI 值统计表

地物类型	最小值	最大值
芦苇沼泽	−0.2096	0.2281
碱蓬沼泽	0.2703	0.3475
米草沼泽	0.1467	0.2708
光滩	0.3472	0.3986
水塘	0.3273	0.4369

第二，光滩和水塘的划分。表 3-4 中，光滩和水塘的 PC1 亮度值存在明显的区别，水塘的 PC1 亮度值大于−80，光滩的 PC1 亮度值小于−80。

表 3-4　光滩与水塘的 PC1 亮度值统计表

地物类型	最小值	最大值
光滩	−104.3168	−83.8002
水塘	−71.4378	−52.3192

第三，植被的划分。从表 3-3 中可以看出，碱蓬沼泽的 NDVI 最大值大于 0.2708，非碱蓬（芦苇沼泽和米草沼泽）的 NDVI 值小于等于 0.2708。芦苇沼泽与米草沼泽的 PC3 亮度值差异明显，芦苇沼泽的 PC3 亮度值小于 -5，米草沼泽的 PC3 亮度值大于 -5，如表 3-5 所示。

表 3-5　芦苇沼泽与米草沼泽的 PC3 亮度值统计表

地物类型	最小值	最大值
芦苇沼泽	-49.5475	-6.9437
米草沼泽	-4.0337	7.8514

根据上述分析结果，海滨湿地 ETM+ 遥感影像解译的决策树设计如下：首先运用 NDVI 植被指数的阈值差异可以将植被与非植被区别开；同时可以利用 NDVI 植被指数将碱蓬沼泽与芦苇沼泽、米草沼泽区别开；然后再利用 PC1 亮度值将水塘和光滩区别开；最后运用 PC3 亮度值将芦苇沼泽和米草沼泽区别开。鉴于此，决策树构建如图 3-2 所示，运行决策树对海滨湿地遥感影像进行分类。

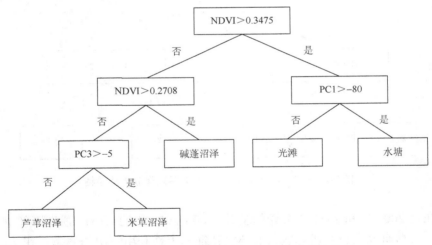

图 3-2　研究区 2006 年 ETM+ 遥感影像分类决策树

同理，对 2000 年的 ETM+ 影像进行分类（图 3-3）。但是，2011 年 9 月 24 日的 ETM+ 遥感影像中，芦苇沼泽与米草沼泽的"同物异谱"现象非常严重，光谱特征、纹理特征、主成分亮度值都非常接近，无法运用光谱进行辨别（图 3-4）。所以，在这里对芦苇沼泽和米草沼泽采用基于支持向量机的监督分类（classification-supervised-support vector machine），并根据 2011 年对野外调查的结果进行部分人工解译，与非监督分类结果进行叠加。

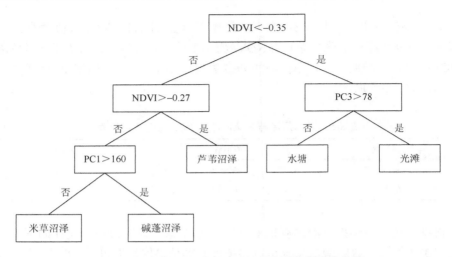

图 3-3　研究区 2000 年 ETM + 遥感影像分类决策树

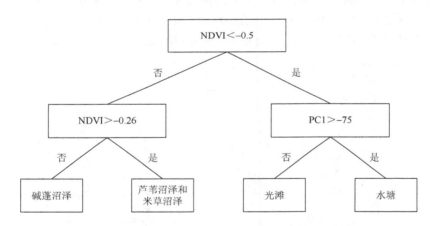

图 3-4　研究区 2011 年 ETM + 遥感影像分类决策树

在对 2006 年和 2011 年解译的基础上，对 2000 年的 ETM+ 遥感影像进行解译时，根据研究人员对研究区自然环境特征和土地利用情况的熟悉，在 ArcGIS 中进行修正，从而大大提高了解译的精度。

5. 决策树分类结果的改进

研究区遥感影像特征是海滨湿地地物特征及其组分相互消长关系的综合反映，包括植被类型、土壤、水域等地物。同时，由于海滨湿地存在着"异物同谱"和"同物异谱"的情况。因此，仅依靠光谱特征无法科学准确地识别植被类型，甚至可能会产生不同程度的错分和误分。根据海滨湿地生态学和对研究区的认识等方面的信息，运用 GIS 工具，对上述基于光谱特征的遥感影像分类结果进行改进，可以提高遥感图像分类精度。

将运用决策树法分类后的栅格图像在 ENVI 中转为矢量图，并将其导入 ArcGIS 中，根据 1∶1 万地形图、相关的历史资料、国家海洋局 908 专项中对野外的考查结果及 2010 年 10 月、2011 年 4 月、2012 年 4 月三次野外调查的结果，对已分类结果进行修正，调查路线见图 3-5。第一，根据地物在遥感影像上的规则几何形状，可以目视解译出河道和水塘的范围。第二，解译后的图像上，部分米草分布在水塘的周围。根据生态学的基本知识及野外调查的结果，在水塘周围主要生长芦苇。第三，在米草沼泽内仍然分布有芦苇，在芦苇沼泽分布着米草，根据生态知识，米草沼泽主要分布在碱蓬沼泽的下缘，芦苇沼泽主要分布在碱蓬沼泽的上缘。第四，在光滩上分布有水塘，根据生态知识和野外调查，这一现象是不存在的。将上述出现的错分或者误分的现象，在 ArcGIS 9.3 中，通过查询，对这些被错分的地物代码进行重新赋值，从而提高了分类精度。

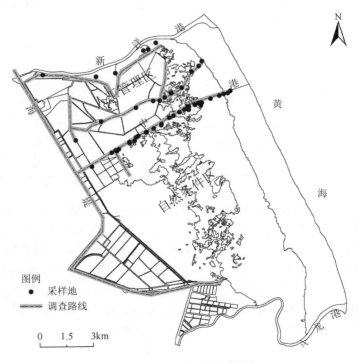

图 3-5　野外调查路线采样点

6. 图像分类精度检验

研究区总面积只有 $1.92 \times 10^4 \text{hm}^2$，相对来说比较容易提高解译的精度。所以对解译的精度要求在 95% 以上。精度检验是在 ENVI 4.7 中采用 Using Ground Truth ROIs 构建 Confusion Matrix，选择的 150 个样本，每大类至少 20 个样本，其中包括近 60 个野外考察点，进行总体分类精度检验。总体分类精度是指被正确分类的像元数量除以被分类的总像元数量［式（3-1）］。表 3-6 中对角线显示出被分类到正确地标真实分类中的像元数量。经检验，总体精度为 95.6639%，Kappa 系数为 0.9476。

$$P_c = \frac{\sum_{k=1}^{n} p_{kk}}{p} \times 100\% \tag{3-1}$$

式中，P_c 为总体分类精度；p_{kk} 为某一类别 k 中被正确分类的像元数；n 为景观分类数量；p 为选取的像元总数。

表 3-6　2011 年 ETM+ 影像分类精度检验

景观类型	芦苇沼泽	碱蓬沼泽	米草沼泽	水塘	光滩	河流	合计
芦苇沼泽	961	37	8	0	0	0	1006
碱蓬沼泽	15	596	14	0	11	0	636
米草沼泽	14	0	556	0	8	0	578
水塘	0	17	0	457	0	2	476
光滩	0	9	12	0	535	0	556
河流	0	0	0	0	14	447	461
合计	990	659	590	457	568	449	
用户精度/%	95.53	93.71	96.19	96.01	96.22	96.96	
生产精度/%	97.07	90.44	94.24	100	94.19	99.55	

将修改后的经过精度检验的图像，制作成 2000 年、2006 年和 2011 年景观类型图。为了便于查询及空间分析，以上不同时期的景观类型图采用了统一的坐标系，即 1984 世界大地坐标系（WGS1984）；统一的地图投影，即横轴等角割圆柱投影，标准纬线分别为 N84° 和 S80°；选择投影带为 51N（UTM Zone 51N），中央经线为 123.000000°E；纬向偏移（false northing）为 0.000000m，经向偏移（false easting）为 500000.000000m，纬度原点（latitude of origin）为 0.000000，单位（linear unit）为米（m）。在制图时采用统一的景观分类系统。

3.1.4　辅助数据处理

辅助数据中，历史图件的处理方法是：将历史图件通过扫描仪输入计算机，在 ArcGIS 9.3 中进行配准，并通过手工完成数字化，建立矢量图。矢量电子地图的处理方法是：将矢量图导入 ArcGIS 9.3 中，运用 Projections and Transformation 模块，统一投影和坐标系。经过处理后的辅助数据，可以在 ArcGIS 9.3 中与上述的遥感图像及其解译图实现位置上的完全一致，也可以进行叠加分析。

3.2　土壤数据采集与分析

3.2.1　样点的设置

海滨湿地土壤的性状和发育方向影响植被的生长和发育，决定海滨湿地生态演替趋向。因此开展海滨湿地土壤调查是对海滨湿地研究的基础工作之一。作者及研究团队于 2011 年 4 月和 2012 年 4 月分别对海滨湿地进行了监测。研究区 1～4 月多年平均降水量为 160.40mm，3～4 月多年平均降水量为 96.00mm。2011 年 1～4 月，研究区降水量约为 80.00mm，约为多年平均值的一半；3～4 月研究区降水量约为 30.00mm，不到多年平均值的 1/3。所以，将 2011 年 4 月监测的土壤数据作为干旱年份海滨湿地土壤数据。而 2012 年 1～4 月研究区降水量为 172.00mm，高于多年平均值；3～4 月降水量为 132.00mm，比同时段多年平均降水量多出了 36.788%。所以，将 2012 年 4 月监测的土壤数据作为湿润年份海滨湿地土壤数据。

在研究区内中路港道路南侧，沿海陆方向布设 17 个样地；在中路港道路与新洋港之间，沿海陆方向布设 13 个样地，如图 3-5 所示；每一条样带的采样点覆盖每一种植被类型，且每一种植被类型至少有 3 个样地。每个样地设置 3 个采样点，采表层土（距地表 0～20cm），每个样地取 3 个样进行混合，带回实验室分析；同时记录每个样地的植被类型。海滨湿地土壤监测指标主要包括：监测点的位置（经纬度）、有机质、水分、盐度、氨氮、有效磷、速效钾。

3.2.2　土壤样品处理

土壤烘干采用风干法与烘干法相结合。首先，将所有土样放在室内（保持室内通风），然后将风干后的土壤放置于烘箱中，在 50℃温度条件下烘至恒重。将烘干后的土壤磨碎，去除较大的植物残体、石块、贝壳及其他杂物，再将样品放置在厚塑料板上，用木棍进行滚压粉碎，使土壤全部通过 10 目筛（2mm）。运用四分法从通过 10 目筛的土样中分出 100g，用土壤研磨仪（RM200，德国）研磨使其全部通过 100 目筛，用于测量土壤的有机质含量。最后，将研磨好的土样，用自封袋装好，放于干燥器中。

具体指标的实验方法如下：监测点的位置，采用 3 台手持式 GPS 同时定位，取其平均值。水分监测，运用 TRIME-PICO-BT（德国）水分便携式测量仪（体积比），在每个样地的断面，分别测量 3 次取其平均值。其余的化学指标是将土样带回实验室进行分析，其中土壤盐度监测采用 TFC-203 土壤化肥速测仪测量；土壤有机质运用水合热重铬酸钾氧化-比色法测得；土壤氨氮运用靛酚蓝比色法测得；土壤有效磷运用碳酸氢钠提取-钼锑抗比色法测得；土壤速效钾运用四苯硼钠比浊法测得。每个样品设置三个平行样，取其平均值。

3.3　小　　结

本章主要介绍了研究区相关数据的来源和处理过程，为后续的分析奠定了基础。具体内容如下：

（1）将研究区景观类型分为三大类，即人工湿地、自然湿地和非湿地；7 小类，即芦苇沼泽、碱蓬沼泽、米草沼泽、河流、水塘、光滩和堤坝。

（2）在建立分类体系的基础上，运用非监督分类、支持向量机的监督分类及决策树分类，并结合生态知识和 GIS 规则等方法，对研究区 2000 年、2006 年和 2011 年的 ETM+ 遥感影像进行分类，提高了分类精度，总体精度达到了 95.6639%。另外，对辅助数据进行了矢量化、统一投影和坐标系统等处理。

（3）阐述了研究区内土壤采样点的分布、采样方法、实验方法等。

第4章 海滨湿地景观结构与格局时空变化

盐城海滨湿地在人工管理和自然条件影响下景观结构与格局变化差异显著。本章根据不同时期遥感图像解译的结果，运用景观结构与格局指数、景观动态度、景观转移矩阵、质心分析、空间叠置等方法分析海滨湿地景观结构与格局的时空变化特征，并进一步辨识不同驱动模式下海滨湿地景观变化的差异性。

4.1 研究区景观结构及其变化

景观结构是指不同景观单元的空间关系，包括景观单元的大小、数量、形状、类型及组合状况，是进行景观生态学研究的基础。通过对景观结构的描述，可以对景观格局进行分析和量化，进而可与生态过程相关联。鉴于此，本书中选择景观结构指数反映研究区景观构成及组合情况；选取景观动态度衡量景观类型的变化速率；通过景观转移矩阵反映景观类型之间的转换关系。

4.1.1 研究方法

1. 景观结构指数

景观指数是指能够高度浓缩景观格局信息，反映其结构组成和空间配置某些方面特征的简单定量指标，可以定量地描述和监测景观结构特征随时间的变化。景观指数是目前使用最广泛的一种定量研究方法，Fragstats 是目前最为常用的景观指数计算软件。Fragstats 3.3 软件中包含了 3 个水平（斑块、类型和景观）、8 个类型，近 60 个指标，但是许多景观格局指数之间存在着显著的相关性。所以，在本书中，根据实际需要，少量且有针对性地选择 7 个景观指数，反映海滨湿地景观结构与格局的变化特征。在景观结构研究中选择了 3 个景观结构指数，分别是斑块数量（NP）、平均斑块面积（PA）、景观类型百分比（PLAND），具体解释见表 4-1。

2. 景观动态度

景观结构指数只能说明不同时期景观组成的总体数量变化；而景观动态度可以进一步揭示不同景观类型的变化速率。某一类型景观动态度，表达的是研究区内

表 4-1　景观指数描述

类型	景观指数名称	公式	生态学意义
景观结构指数	斑块数量（NP）	$\text{NP} = n$ n 为斑块数量	反映景观的基本特征，NP 的大小与景观破碎程度相关
	平均斑块面积（PA）	$\text{PA} = A/n$ A 为景观总面积	反映景观的基本特征，PA 的大小与景观破碎程度相关
	景观类型百分比（PLAND）	$\text{PLAND} = P_i = \dfrac{\sum\limits_{j=1}^{n} a_{ij}}{A} \times 100\%$ a_{ij} 为景观类型 i 第 j 个斑块面积	反映景观的基本特征，可以用来描述景观中各类型的比重及确定景观中优势景观类型
景观格局指数	平均分维数（MPFD）	$\text{MPFD} = \dfrac{1}{N} \sum\limits_{i=1}^{n} \dfrac{2\ln(0.25 P_i)}{\ln(A_i)}$ N 为某一景观类型斑块总数；P_i 为某一种类型景观中第 i 个斑块的周长（km）；A_i 为某一种类型景观中第 i 个斑块的面积（km²）	反映景观斑块形状的复杂程度，MPFD 越接近于 1，说明斑块的几何形状越趋近于规则，表明受人工管理的程度越大
	景观多样性指数（SHDI）	$\text{SHDI} = -\sum\limits_{i=1}^{m} [P_i \ln(P_i)]$ P_i 为景观类型 i 的面积百分比；m 为景观类型数	反映景观的空间异质性，强调景观类型数量及每种类型对总体的贡献
	优势度（D）	$D = \ln m + \sum\limits_{i=1}^{m} [P_i \ln(P_i)]$ m 为景观类型数；P_i 为景观类型 i 的面积百分比	能够反映景观的均匀程度，尤其能够反映景观是否由少数斑块类型占主导
	聚集度（AI）	$\text{AI} = \left[1 + \sum\limits_{i=1}^{m} \sum\limits_{j=1}^{n} \dfrac{P_{ij} \ln P_{ij}}{2 \ln m} \right] \times 100$ P_{ij} 为任意两相邻栅格属于类型 i 和 j 的概率	反映不同景观类型之间的团聚程度。AI 在 0~100，其取值受到景观类型数量及其均匀度的影响

某种景观类型在一定时间范围内的数量变化情况，可以用年变化率来反映。其表达式为（张树清，2008）

$$K = \frac{A_b - A_a}{A_a} \times \frac{1}{T} \times 100\% \qquad (4\text{-}1)$$

式中，K 为某一景观类型在研究时段内的动态度；A_a、A_b 分别为某一景观类型在研究期始末的数量；T 为研究期时长（年）。

3. 景观转移矩阵

景观结构指数和景观动态度只能反映不同时期的景观组成变化，而景观转移矩阵能够进一步说明景观组成之间是如何变化的及不同景观类型之间是如何转变的。转移矩阵模型来源于系统分析中对系统状态与形态转移的定量描述，能够全

面、具体地描述景观的结构特征及景观类型之间的变化量与方向（刘红玉，2005），
公式如下：

$$P_{ij} = \begin{vmatrix} A_{11} & A_{12} & \cdots & A_{1n} \\ A_{21} & A_{22} & \cdots & A_{2n} \\ \vdots & \vdots & & \vdots \\ A_{n1} & A_{n2} & \cdots & A_{nn} \end{vmatrix} \tag{4-2}$$

式中，A 为景观类型的面积；n 为湿地景观类型数；i、j 分别为研究初期与末期的
湿地景观类型；A_{ij} 为由 i 类型景观转变为 j 类型景观的面积。

4.1.2　研究区景观总体结构及变化

从景观构成看，研究区内景观构成以水塘、芦苇沼泽、碱蓬沼泽、米草沼泽
和光滩为主体，如图 4-1 所示。2000～2011 年，景观结构变化表现为芦苇沼泽和
米草沼泽面积不断扩张，碱蓬沼泽面积明显减少，如图 4-2 所示。其中，2000～
2006 年，芦苇沼泽和米草沼泽的比重分别由 16.916%、11.213%增加到 24.790%和
17.525%，二者景观动态度分别为 7.758%和 9.382%；碱蓬沼泽的比重由 28.789%
下降至 17.629%，其景观动态度为−6.461%。2006～2011 年，芦苇沼泽和米草
沼泽的比重分别增加至 31.369%和 23.750%，二者景观动态度分别为 5.308%和
7.104%；碱蓬沼泽的比重降低至 9.995%，其景观动态度为−8.661%。从景观斑块
面积和数量看，2000～2006 年，景观斑块数量由 272 个增加到 346 个，增加了
27.206%；平均斑块面积由 70.851hm^2 降低到 55.698hm^2，减少了 21.387%。2006～
2011 年，景观斑块数量增加到 378 个，增加了 9.249%；平均斑块面积降低到
50.983hm^2，减少了 8.465%。结果表明，研究区内景观破碎化趋势明显，景观呈
现分割的态势。

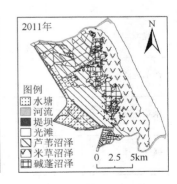

图 4-1　2000～2011 年海滨湿地景观变化

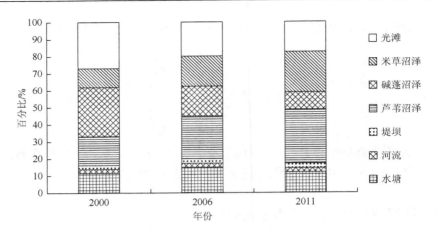

图 4-2　2000～2011 年海滨湿地景观结构变化

由于海滨湿地主体景观为水塘、芦苇沼泽、碱蓬沼泽、米草沼泽和光滩 5 种类型，呈带状从陆到海分布；而河流、堤坝呈现明显的线性特征，且占比较低，所以在景观转移分析时，主要考虑 5 种主体景观。从表 4-2 中可以得出：2000～2006年，景观结构变化表现为，22.416% 的光滩转变为米草沼泽；15.881% 的芦苇沼泽转变为水塘；37.648% 的碱蓬沼泽转变为芦苇沼泽。从表 4-3 中可以得出：2006～2011年，23.525% 的水塘恢复为芦苇沼泽；12.398% 的光滩转变为米草沼泽；22.933%和 22.407% 的碱蓬沼泽分别转变为芦苇沼泽和米草沼泽。总体上，海滨湿地景观转移表现出光滩向米草沼泽转移，碱蓬沼泽向芦苇沼泽和米草沼泽转移的特征。

表 4-2　2000～2006 年海滨湿地景观转移矩阵

类型	单位	水塘	光滩	芦苇沼泽	米草沼泽	碱蓬沼泽
水塘	hm²	2118.928	0.000	100.529	0.000	0.000
	%	94.897	0.000	4.502	0.000	0.000
光滩	hm²	0.000	3845.794	0.000	1165.020	186.537
	%	0.000	73.995	0.000	22.416	3.589
芦苇沼泽	hm²	517.724	2.234	2573.543	30.159	22.340
	%	15.881	0.069	78.945	0.925	0.685
米草沼泽	hm²	0.000	3.351	0.558	2025.660	130.688
	%	0.000	0.155	0.026	93.745	6.048
碱蓬沼泽	hm²	201.058	0.000	2088.770	156.378	3057.758
	%	3.624	0.000	37.648	2.819	55.114

注：某一行数据为前期某一景观类型演变为下个时期各景观类型的面积和比例，下同。

表 4-3　2006～2011 年海滨湿地景观转移矩阵

类型	单位	水塘	光滩	芦苇沼泽	米草沼泽	碱蓬沼泽
水塘	hm²	2174.219	0.000	670.193	0.000	0.000
	%	76.318	0.000	23.525	0.000	0.000
光滩	hm²	0.000	3373.866	0.000	477.513	0.000
	%	0.000	87.601	0.000	12.398	0.000
芦苇沼泽	hm²	142.975	0.000	4558.991	14.521	55.849
	%	2.993	0.000	95.429	0.304	1.169
米草沼泽	hm²	0.000	29.600	10.611	3323.601	13.404
	%	0.000	0.876	0.314	98.412	0.397
碱蓬沼泽	hm²	0.000	0.000	779.100	761.228	1856.994
	%	0.000	0.000	22.933	22.407	54.661

为了进一步辨识不同驱动机制下海滨湿地景观演变的特征与趋势。根据研究区的特征,将研究区以中路港为界分为南北两部分。北部面积约 $0.52 \times 10^4 hm^2$,自 1993 年来北部区域建立了一些人工湿地。1994 年,盐城市政府通过了四项生态发展工程,其中包括占地 $200 hm^2$ 的水禽湖、占地 $67 hm^2$ 的沙蚕基地、占地 $67 hm^2$ 的芦苇地和占地 $267 hm^2$ 的综合动植物园。虽然实施了大面积的芦苇湿地恢复工程,但是由于经济利益的驱动,大多数工程被迫改变了原有的方案,以发展经济为主的芦苇基地和养殖地大幅增加,具有典型的人工管理特征。南部面积约 $1.40 \times 10^4 hm^2$(包括 $0.29 \times 10^4 hm^2$ 养殖区),受人类活动干扰比较微弱,其景观格局与演变主要受气候、地形、水文、土壤、植被等自然因素影响,其中主导因素是潮汐作用。该区域在景观上表现为从陆地向海洋依次为芦苇沼泽、碱蓬沼泽、米草沼泽、光滩,为典型的自然条件区。从人工管理和自然条件不同驱动力的视角,揭示人为和自然条件两种模式下海滨湿地景观变化的特征与规律,是正确认识海滨景观演变机制的基础,也有利于更加科学地预测海滨湿地未来的演变趋势。

4.1.3　人工管理区海滨湿地景观结构及变化

从景观构成看,人工管理区海滨湿地景观构成以水塘、芦苇沼泽、碱蓬沼泽、米草沼泽和光滩为主体,如图 4-3 所示。2000～2011 年,人工管理区景观结构变化表现为芦苇沼泽与米草沼泽面积不断扩张,碱蓬沼泽面积明显减少;芦苇沼泽和米草沼泽分别从 42.504% 和 2.681% 增加至 55.637% 和 12.127%,分别增加了30.898% 和 352.331%,而碱蓬沼泽由 24.626% 减少为 5.221%,减少了 78.799%,如图 4-4 所示。其中,2000～2006 年,水塘和米草沼泽的比重分别由 6.463% 和2.681% 增加到 17.287% 和 7.494%,二者景观动态度分别为 27.913% 和 29.920%;

芦苇沼泽和碱蓬沼泽的比重分别由 42.504%、24.626%下降至 39.610%、12.896%，二者景观动态度分别为−0.068%、−7.939%。2006～2011 年，芦苇沼泽的比重由 39.610%增加至 55.637%，其景观动态度为 8.092%；米草沼泽的比重增加至 12.127%，其景观动态度为 12.365%；碱蓬沼泽的比重降低至 5.221%，其景观动态度为−11.903%。从景观斑块面积和数量看，人工管理区景观斑块变化明显。2000～2006 年，景观斑块数量由 123 个增加到 231 个，增加了 87.805%；平均斑块面积由 43.868hm^2 降低到 23.358hm^2，减少了 46.754%。2006～2011 年，景观斑块数量增加到 263 个，增加了 13.853%；平均斑块面积降低到 20.516hm^2，减少了 12.167%。结果表明，人工管理区景观斑块呈现明显的破碎化趋势。

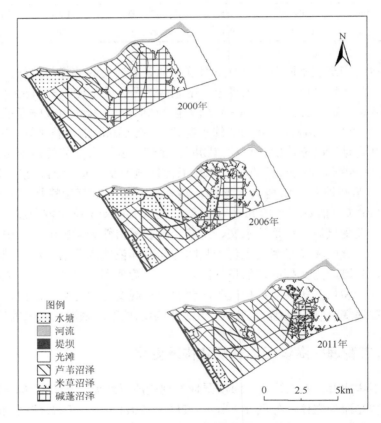

图 4-3　2000～2011 年人工管理区海滨湿地景观变化

　　进一步通过景观转移矩阵分析，从表 4-4 中可以得出：2000～2006 年，人工管理区海滨湿地景观结构变化表现为，19.393%的芦苇沼泽转变为水塘；17.001%的光滩转变为米草沼泽；27.527%和 5.799%的碱蓬沼泽分别转变为芦苇沼泽和米

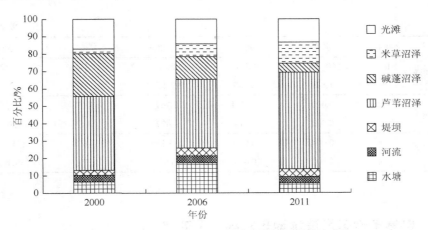

图 4-4　2000～2011 年人工管理区景观结构变化

草沼泽。从表 4-5 中可以得出：2006～2011 年，72.169%的水塘转变为芦苇沼泽；8.959%的光滩转变为米草沼泽；30.951%和 29.550%的碱蓬沼泽分别转变为芦苇沼泽和米草沼泽。总体上，人工管理下海滨湿地景观转移表现为碱蓬沼泽向芦苇沼泽和米草沼泽转移，光滩向米草沼泽转移。

表 4-4　2000～2006 年人工管理区海滨湿地景观转移矩阵

类型	单位	水塘	光滩	芦苇沼泽	米草沼泽	碱蓬沼泽
水塘	hm²	317.705	0.000	30.905	0.000	0.000
	%	91.099	0.000	8.862	0.000	0.000
光滩	hm²	0.000	763.427	0.000	156.998	3.022
	%	0.000	82.671	0.000	17.001	0.327
芦苇沼泽	hm²	444.760	1.648	1731.377	30.768	0.000
	%	19.393	0.072	75.493	1.342	0.000
米草沼泽	hm²	0.000	0.000	0.000	139.554	5.082
	%	0.000	0.000	0.000	96.486	3.514
碱蓬沼泽	hm²	160.432	0.000	365.780	77.057	687.743
	%	12.074	0.000	27.527	5.799	51.757

表 4-5　2006～2011 年人工管理区海滨湿地景观转移矩阵

类型	单位	水塘	光滩	芦苇沼泽	米草沼泽	碱蓬沼泽
水塘	hm²	254.384	0.000	673.184	0.000	0.000
	%	27.271	0.000	72.169	0.000	0.000
光滩	hm²	0.000	696.534	0.000	68.541	0.000
	%	0.000	91.041	0.000	8.959	0.000

类型	单位	水塘	光滩	芦苇沼泽	米草沼泽	碱蓬沼泽
芦苇沼泽	hm²	40.108	0.000	2083.147	12.774	0.412
	%	1.877	0.000	97.468	0.598	0.019
米草沼泽	hm²	0.000	24.724	5.769	367.428	6.456
	%	0.000	6.114	1.427	90.863	1.596
碱蓬沼泽	hm²	0.000	0.000	215.375	205.623	274.850
	%	0.000	0.000	30.951	29.550	39.499

4.1.4 自然条件区海滨湿地景观结构及变化

从景观构成看，自然条件控制下海滨湿地景观构成以芦苇沼泽、碱蓬沼泽、米草沼泽和光滩为主体，如图 4-5 所示。2000～2011 年，自然条件区景观结构变化表现为芦苇沼泽与米草沼泽面积不断扩张，碱蓬沼泽面积明显减少；芦苇沼泽和米草沼泽面积百分比分别从 5.042% 和 17.525% 变化到 23.601% 和 34.466%，分别增加了 368.088% 和 96.668%，而碱蓬沼泽由 36.910% 减少至 14.414%，减少了 60.948%，如图 4-6 所示。其中，2000～2006 年，芦苇沼泽和米草沼泽的比重分别由 5.042% 和 17.525% 增加到 19.871% 和 25.910%，二者的景观动态度分别为 49.018% 和 7.974%；碱蓬沼泽的比重由 36.910% 下降至 23.838%，其景观动态度为 −5.903%。2006～2011 年，芦苇沼泽和米草沼泽的比重增加至 23.601% 和 34.466%，二者的景观动态度为 3.754% 和 6.604%；碱蓬沼泽的比重降低至 14.414%，其景观动态度为 −7.907%。从景观斑块面积和数量看，自然条件区景观斑块数量和斑块面积变化缓慢。2000～2006 年，景观斑块数量由 117 个降低到 98 个，降低了 16.239%；平均斑块面积由 96.673hm² 增加到 115.416hm²，增加了 19.388%。2006～2011 年，景观斑块数量增加到 131 个，增加了 33.673%；平均斑块面积降低到 86.342hm²，减少了 25.191%。结果表明，自然条件控制下海滨湿地景观斑块破碎化趋势不明显，变化缓慢。

进一步通过景观转移矩阵分析，从表 4-6 中可以得出：2000～2006 年，自然条件区景观结构变化表现为，11.722% 的芦苇沼泽转变为水塘；23.571% 的光滩转变为米草沼泽；40.802% 的碱蓬沼泽转变为芦苇沼泽。从表 4-7 中可以得出：2006～2011 年，3.810% 的芦苇沼泽转变为水塘；13.409% 的光滩转变为米草沼泽；20.891% 和 20.968% 的碱蓬沼泽分别转变为芦苇沼泽和米草沼泽。自然条件区景观转移同样表现为碱蓬沼泽向芦苇沼泽和米草沼泽转移，光滩向米草沼泽转移。

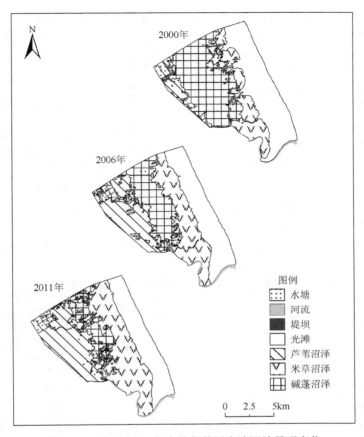

图 4-5　2000～2011 年自然条件区海滨湿地景观变化

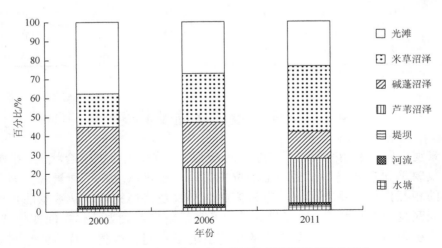

图 4-6　2000～2011 年自然条件区海滨湿地景观结构变化

表 4-6　2000～2006 年自然条件区海滨湿地景观转移矩阵

类型	单位	水塘	光滩	芦苇沼泽	米草沼泽	碱蓬沼泽
水塘	hm²	99.217	0.000	63.708	0.000	0.000
	%	60.509	0.000	38.853	0.000	0.000
光滩	hm²	0.000	3076.085	0.000	1006.099	186.250
	%	0.000	72.066	0.000	23.571	4.363
芦苇沼泽	hm²	66.841	0.000	480.421	0.000	21.236
	%	11.722	0.000	84.249	0.000	3.724
米草沼泽	hm²	0.000	3.133	0.000	1851.709	127.416
	%	0.000	0.158	0.000	93.414	6.428
碱蓬沼泽	hm²	35.161	0.000	1703.405	72.759	2361.372
	%	0.842	0.000	40.802	1.743	56.563

表 4-7　2006～2011 年自然条件区海滨湿地景观转移矩阵

类型	单位	水塘	光滩	芦苇沼泽	米草沼泽	碱蓬沼泽
水塘	hm²	201.220	0.000	0.000	0.000	0.000
	%	100.000	0.000	0.000	0.000	0.000
光滩	hm²	0.000	2666.335	0.000	412.883	0.000
	%	0.000	86.591	0.000	13.409	0.000
芦苇沼泽	hm²	85.640	0.000	2102.363	1.393	58.138
	%	3.810	0.000	93.541	0.062	2.587
米草沼泽	hm²	0.000	3.481	3.829	2918.730	4.526
	%	0.000	0.119	0.131	99.596	0.154
碱蓬沼泽	hm²	0.000	0.000	563.276	565.365	1567.634
	%	0.000	0.000	20.891	20.968	58.141

4.2　研究区景观格局及其变化

景观格局主要指空间格局，即不同景观单元在空间上的组合状况，能够直观地反映不同景观类型在空间上的位置关系，也可以反映不同景观类型之间潜在的相互作用关系。因此，在研究中选择景观格局指数，从数量的角度反映研究区景观格局状况；选择景观带宽度表征研究区景观总体空间变化特征；进一步引入质心的概念，从斑块的角度去度量不同景观类型具体的空间变化特征。

4.2.1　研究方法

1. 景观格局指数

在景观格局研究中，选择景观格局指数，包括景观多样性指数（SHDI）和优势度（D）、平均分维数（MPFD）、聚集度（AI），具体解释见表 4-1。另外，景观格局指数只在一定程度上反映景观格局特征，不能区分在面积比重既定的情况下，不同景观类型的分布格局。因此，针对盐城海滨湿地景观带状分布特征，采用了景观带平均宽度及其组合来描述景观空间格局及其变化特征。

2. 景观质心分析

为了进一步揭示景观类型斑块在空间上的具体分布及变化轨迹情况，引入景观质心分析方法。通过空间质心偏移变化，能够揭示不同海滨湿地景观在空间上的变化规律和趋势。公式为

$$X_c = \left(\sum_{i=1}^{n} C_i X_i \right) \bigg/ \left(\sum_{i=1}^{n} C_i \right); Y_c = \left(\sum_{i=1}^{n} C_i Y_i \right) \bigg/ \left(\sum_{i=1}^{n} C_i \right) \qquad (4-3)$$

式中，X_c 和 Y_c 为按面积加权的景观类型质心坐标；X_i 和 Y_i 为某一景观类型的第 i 个斑块的质心坐标；C_i 为某一景观类型的第 i 个斑块的面积；n 为某一景观类型的斑块总数目（宫兆宁等，2011）。

4.2.2　研究区景观总体格局及变化

从景观格局指数及其变化来看（表 4-8），2000 年、2006 年和 2011 年，海滨湿地景观平均分维数分别为 1.0410、1.0408、1.0402，说明所选择的研究区整体上受人类干扰作用较弱，呈现缓慢下降的特征，总体上景观斑块形状有着向规则化发展的趋势。2000～2011 年，景观聚集度从 92.1878 下降至 90.7158，呈现明显的下降趋势。2000～2011 年，景观多样性指数呈现先上升后下降的特征；景观优势度变化则相反，呈现先下降后上升的特征。

表 4-8　海滨湿地景观格局分析

类型	格局指数	2000 年	2006 年	2011 年
海滨湿地	MPFD	1.0410	1.0408	1.0402
	AI	92.1878	90.8554	90.7158
	SHDI	1.6790	1.7532	1.6852
	D	0.2669	0.1927	0.2607

续表

类型	格局指数	2000 年	2006 年	2011 年
人工管理区	MPFD	1.0553	1.0545	1.0570
	AI	96.2712	93.3289	93.0124
	SHDI	1.5097	1.6745	1.4253
	D	0.4362	0.2714	0.5206
自然条件区	MPFD	1.0460	1.0379	1.0351
	AI	95.4525	95.5525	95.2439
	SHDI	1.3127	1.5012	1.4835
	D	0.6332	0.4447	0.4624

　　盐城海滨湿地景观分布格局具有显著的特征，即带状平行分布的格局，景观带呈南北延伸、东西更替。所以，在研究中采用景观带平均宽度及其组合状况来进一步探讨海滨湿地景观格局及其变化，如图 4-7 所示。通过图层叠加，可以得出，2000～2006 年，海滨湿地区水塘面积增加明显，平均宽度增加了 362.620m；芦苇沼泽平均宽度增加了 893.236m，平均向海洋方向扩张了约 1255m；碱蓬沼泽平均宽度减少了 1266.048m，平均向海洋方向退缩了约 1350m；米草沼泽平均宽度增加了 716.035m，平均向海洋方向扩张了约 700m。2006～2011 年，水塘的平均宽度减少了 308.704m；芦苇沼泽的平均宽度增加了 746.282m，芦苇沼泽平均向海洋方向扩张了约 440m，向陆地方向扩张了约 310m；碱蓬沼泽的平均宽度减少了近 865.950m，表现出从海陆两个方向往中心收缩的特征，向陆地方

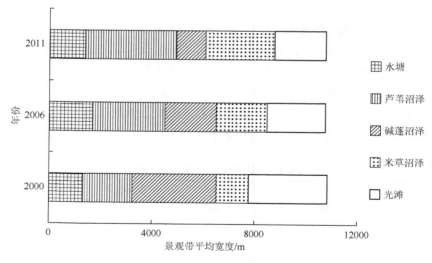

图 4-7　2000～2011 年海滨湿地景观格局变化

向退缩了约 430m，向海洋方向退缩了约 420m；米草沼泽的平均宽度增加了 706.173m，表现出向海陆两个方向同时扩张的特征，向海洋方向扩张了约 260m，向陆地方向推进了约 440m。

通过质心分析，从图 4-8 和图 4-9 中可以得出：2000～2006 年，海滨湿地水塘的质心向西北方向偏移了 1657.951m，其中向北偏移了 1650.324m，向西偏移了 158.847m，以向北偏移为主；芦苇沼泽的质心向东南偏移了 1868.871m，其中向南偏移了 1470.245m，向东偏移了 1153.715m；碱蓬沼泽的质心向东北偏移了 853.857m，其中向东偏移了 772.125m，向北偏移了 365.547m，以向东偏移为主；米草沼泽的质心向西北偏移了 821.669m，其中向北偏移了 820.668m，向西偏移了 40.543m，以向北偏移为主。2006～2011 年，水塘的质心向东南偏移了 1930.841m，其中向南偏移了 1876.105m，向东偏移了 456.487m，以向南偏移为主；芦苇沼泽的质心向西北方向偏移了 496.010m，其中向北偏移了 490.711m，向西偏移了 72.313m，以向北偏移为主；碱蓬沼泽的质心向东北方向偏移了 162.609m，其中向东偏移了 139.692m，向北偏移了 83.234m，以向东偏移为主；米草沼泽的质心

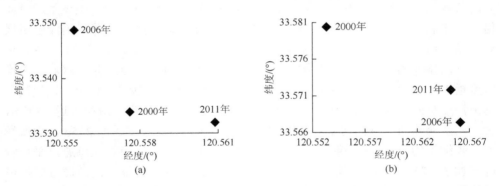

图 4-8　研究区水塘（a）和芦苇沼泽（b）质心变化

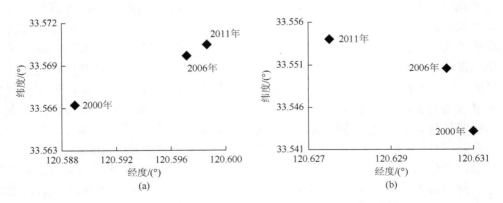

图 4-9　研究区碱蓬沼泽（a）和米草沼泽（b）质心变化

向西北方向偏移了 464.988m，其中向北偏移了 388.604m，向西偏移了 255.344m，以向北偏移为主。

4.2.3　人工管理区海滨湿地景观格局及变化

从景观格局指数及其变化来看（表 4-8），人工管理下，2000 年、2006 年和 2011 年，海滨湿地景观平均分维数分别为 1.0553、1.0545、1.0570，呈现先下降后上升的缓慢变化，说明人工管理区自 2000 年开始实行大面积的筑堤匡围，人类干扰程度逐渐增大，景观斑块形状有着向规则化发展的特征；2006 年之后人类干扰逐渐减弱，基本没有进一步进行筑堤匡围活动，平均分维数又有所上升。2000～2011 年，景观聚集度从 96.2712 下降至 93.0124，呈现明显的下降趋势。2000～2011 年，景观多样性指数呈现先上升后下降的特征；景观优势度变化则相反，呈现先下降后上升的特征。

人工管理下海滨湿地景观在 2000～2006 年为带状的近似平行的格局，由陆向海依次为芦苇沼泽—碱蓬沼泽—米草沼泽—光滩。到 2011 年，整体景观空间格局在带状分布的基础上表现出一定的镶嵌特征，即大面积的芦苇沼泽中镶嵌着水塘，芦苇沼泽与米草沼泽中镶嵌着碱蓬沼泽。通过对 2000～2011 年主要景观带平均宽度的对比分析，从图 4-10 中可以得出，2000～2006 年，水塘的平均宽度增加了 1267.792m；直接导致芦苇沼泽的平均宽度减少了 83.639m，但是芦苇沼泽还是向海洋方向推进了约 1185m；碱蓬沼泽的平均宽度减少了近 1400m，表现出从海陆两个方向往中心收缩的特征，向陆地方向收缩了约 215m，向海洋方向收缩了约 1185m；随着互花米草引种的成功，米草沼泽扩张迅速，平均宽度增加了 570.066m，表现出向海陆两个方向同时扩张的特征，向海洋方向推进了约 355m，向陆地方向推进了约 215m。2006～2011 年，水塘面积减少，平均宽度减少了 1369.039m；芦苇沼泽平均宽度增加了 1815.847m，向海洋方向扩张了约 450m；碱蓬沼泽仍表现出从海陆两个方向往中心收缩的特征，向陆地方向收缩了约 460m，向海洋方向收缩了约 450m，平均宽度减少了约 909.024m；米草沼泽继续向海陆两个方向扩张，向海洋方向扩张了约 85m，向陆地方向扩张了约 460m，平均宽度增加了 545.855m。总体上看，2000～2011 年，人工管理区景观格局变化主要表现为芦苇沼泽向海洋方向扩张，米草沼泽向海陆两个方向同时扩张，碱蓬沼泽则以向中心收缩为主。其中芦苇沼泽向海洋方向扩张了 2634m，扩张速度为 240m/a；米草沼泽分别向海陆方向扩张了 440m 和 675m，扩张速度分别为 40m/a 和 61m/a，以向陆地方向扩张为主；碱蓬沼泽从海陆两个方向向中心收缩了 675m 和 2634m，收缩速度分别为 61m/a 和 240m/a，以向海洋方向收缩为主。

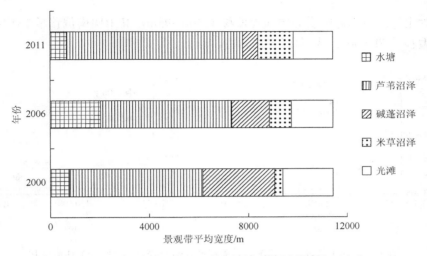

图 4-10　2000～2011 年人工管理区海滨湿地景观格局变化

进一步通过质心计算可以得出，从图 4-11 和图 4-12 可以看出，人工管理下，2000～2006 年，水塘的质心向东北偏移了 1938.496m，其中向东偏移了 1934.942m，向北偏移了 117.338m，以向东偏移为主；芦苇沼泽的质心向东南偏移了 492.143m，其中向东偏移了 488.938m，向南偏移了 56.073m，以向东偏移为主；碱蓬沼泽的质心向东北方向偏移了 706.546m，其中向东偏移了 664.456m，向北偏移了 240.221m，以向东偏移为主；米草沼泽的质心向西北方向偏移了 1163.837m，其中向北偏移了 976.170m，向西偏移了 633.726m，以向北偏移为主。2006～2011 年，水塘的质心向西南偏移了 2099.391m，其中向南偏移了 2064.794m，向西偏移了 379.565m，以向南偏移为主；芦苇沼泽的质心向西北偏移了 232.220m，其中向北偏移了 230.860m，向西偏移了 25.103m，以向北偏移为主；碱蓬沼泽的质心向东北偏移了 281.197m，其中向东偏移了 273.264m，向北偏移了 66.319m，以向东

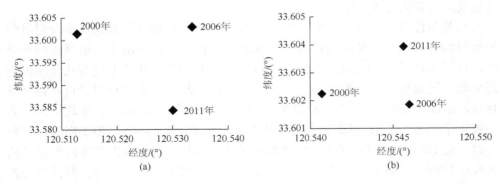

图 4-11　人工管理区海滨湿地水塘（a）和芦苇沼泽（b）质心变化

偏移为主；米草沼泽的质心向西南偏移了 200.995m，其中向南偏移了 185.049m，向西偏移了 78.460m，以向南偏移为主。

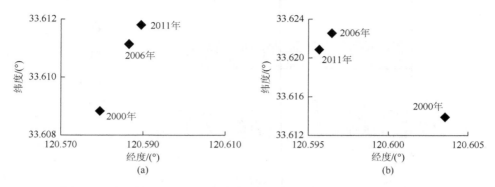

图 4-12　人工管理区海滨湿地碱蓬沼泽（a）和米草沼泽（b）质心变化

4.2.4　自然条件区海滨湿地景观格局及变化

从景观格局指数及其变化来看（表 4-8），2000～2011 年，自然条件控制下海滨湿地景观平均分维数呈下降趋势，总体上景观斑块的形状有着向规则化发展的趋势。2000 年、2006 年和 2011 年，景观聚集度分别为 95.4525、95.5525 和 95.2439，呈现先上升后下降的缓慢变化趋势，总体上变化微弱，说明在自然条件下，海滨湿地景观变化受人工管理少，遵循自然演变规律，不同景观类型间聚集程度高。2000～2011 年，景观多样性指数呈现先上升后下降的特征；景观优势度变化则相反，呈现先下降后上升的特征；主要是由于不同景观类型间的比重所造成，2000～2006 年，由于芦苇沼泽和米草沼泽的扩张、碱蓬沼泽的减少，各景观类型的比重向相对均衡的态势发展，景观优势度下降；2006～2011 年，随着芦苇沼泽和米草沼泽扩张的加剧，碱蓬沼泽进一步减少，各景观类型的比重又开始向不均衡的态势发展，景观优势度上升。

自然条件控制下海滨湿地景观空间格局在 2000～2011 年表现出十分明显的平行带状分布特征，从陆地向海洋依次为芦苇沼泽—碱蓬沼泽—米草沼泽—光滩。从图 4-13 中可以看出，2000～2011 年，各景观带的平均宽度变化呈现出先趋向均衡又向新的不均衡发展。通过比较分析，从图 4-13 中可以看出：自然条件区，2000～2006 年，芦苇沼泽的平均宽度增加了 1353.182m，平均向海洋方向推进了 1380 多米；碱蓬沼泽的平均宽度减少了 1186.044m，但仍向海洋方向推进了近 200m；米草沼泽平均宽度增加了 767.393m，平均向海洋方向推进了约 965m。2006～2011 年，芦苇沼泽平均宽度增加了 339.099m，平均向海洋方向推进了约 405m；碱蓬沼泽表现出从海陆两个方向往中心收缩的特征，向陆地方向收缩了约 445m，向海洋方向收缩了约 405m，平均宽度减少了约 851.765m；米草沼泽表现出向海陆两个方向扩张的特征，向海洋方向扩张了约 325m，向陆地方向扩张了约 445m，平均宽度增加了 771.410m。综上所述，2000~2011 年，自然条件区景观格局变化主要表现为芦苇沼泽向海洋方向扩张，米草沼泽向海陆两个方向同时扩张，碱蓬沼泽则以向中心收缩为主。其中芦苇沼泽向海洋方向扩张了 1785m，扩张速度为 162m/a；米草沼泽分别向海陆两个方向扩张了 1290m 和 445m，扩张速度分别为 117m/a 和 40m/a，以向海洋方向扩张为主；碱蓬沼泽从海陆两个方向向中心收缩了 325m 和 1785m，收缩速度分别为 30m/a 和 162m/a，以向海洋方向收缩为主。

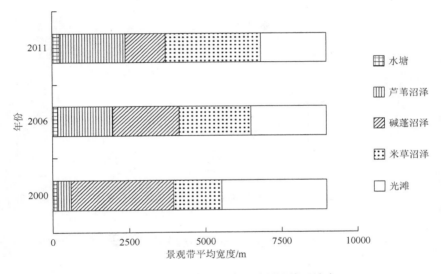

图 4-13　自然条件区海滨湿地景观格局演变

　　进一步通过质心分析，从图 4-14 和图 4-15 可以得出：2000~2006 年，自然条件区芦苇沼泽的质心向东南偏移了 1342.851m，以向东偏移为主，偏移了 1330.763m，向南偏移了 179.772m；碱蓬沼泽的质心向东北偏移了 991.590m，以向东偏移为主，偏移了 768.706m，向北偏移了 626.373m；米草沼泽的质心向东北偏移了 333.016m，以向北偏移为主，偏移了 270.135m，向东偏移了 194.748m。2006~2011 年，芦苇沼泽的质心向东南偏移了 322.077m，以向东偏移为主，偏移了 315.250m，向南偏移了 65.965m；碱蓬沼泽的质心向东北方向偏移了 488.053m，以向北偏移为主，偏移了 486.364m，向东偏移了 40.563m；米草沼泽的质心向西北方向偏移了 306.805m，其中向西偏移了 199.809m，向北偏移了 232.821m。

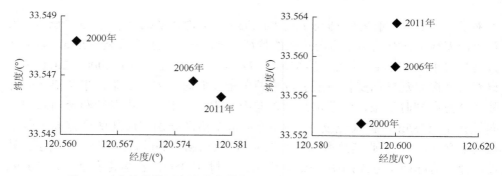

图 4-14　自然条件区海滨湿地芦苇沼泽（a）和碱蓬沼泽（b）质心变化

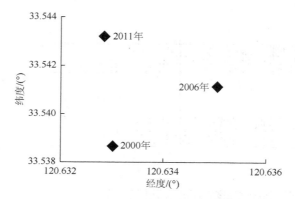

图 4-15　自然条件区海滨湿地米草沼泽质心变化

4.3　盐城海滨湿地景观时空变化

为了全面地掌握盐城海滨湿地景观格局的时空演变特征，本书在对研究区景观时空演变分析的基础上，进一步对盐城市海滨湿地景观时空演变进行分析研究。

4.3.1　数据来源与处理

数据主要来源包括 1987 年江苏海岸带 1∶20 万植被调查图、1∶20 万土地利用调查图、1∶20 万地貌调查图、1∶20 万土壤调查图；1997 年 5～6 月和 1998 年 2 月的 TM 影像；2006 年 11 月～2007 年 2 月日本 ALOS 遥感影像数据。具体做法是，将 1987 年的图件通过扫描仪输入计算机，以 1∶5 万盐城基础图为参考，在 ArcGIS 9.2 软件支持下进行配准，对景观要素进行矢量化，建立 1987 年盐城海滨湿地景观类型图。对 1997 年、2007 年的遥感影像进行合成、配准，然后采取人工目视解译结合野外调查校正，制作 1997 年和 2007 年盐城海滨湿地景观类型图（图 4-16）。

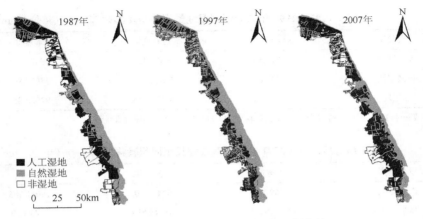

图 4-16　1987～2007 年盐城海滨湿地景观

4.3.2　盐城海滨湿地景观结构变化

　　1987 年，盐城海滨湿地景观构成中，自然湿地、人工湿地、非湿地的比重分别为 42.45%、18.19%、39.36%；自然湿地以光滩、芦苇沼泽为主，分别占自然湿地面积的 59.95% 和 29.97%；人工湿地为水塘和盐田，分别占人工湿地面积的 57.69% 和 42.31%；非湿地以旱地为主，占 96.40%。1997 年，自然湿地、人工湿地、非湿地的比重分别为 31.17%、42.36%、26.47%；自然湿地中芦苇沼泽、碱蓬沼泽、米草沼泽和光滩的比重为 17.65：15.74：7.64：50.28；人工湿地主要为水塘、水田和盐田，分别占人工湿地面积的 23.30%、58.88%、17.82%；非湿地主要为旱地，占非湿地总面积的 86.05%。2007 年，自然湿地、人工湿地、非湿地的比重变为 21.44%、50.51%、28.05%；自然湿地中芦苇沼泽、米草沼泽和光滩的比重为 20.37：18.82：46.21；人工湿地以水塘和水田为主，分别占 34.83% 和 58.19%。从斑块数量与密度看，湿地斑块数量增加，平均斑块面积减小，景观破碎化趋势明显。1987～2007 年，盐城海滨湿地平均斑块密度由 0.1326 个/hm^2 增加到 0.8034 个/hm^2；景观斑块平均面积由 753.91hm^2 降为 124.47hm^2。

4.3.3　盐城海滨湿地景观转移分析

　　通过景观转移矩阵分析，从表 4-9 和表 4-10 中可以得出，盐城海滨湿地的演变主要表现为自然湿地向人工湿地和非湿地转变。1987～1997 年，自然湿地向人工湿地转移面积为 8.69 万 hm^2，占自然湿地面积的 46.95%，向非湿地转移 1.56 万 hm^2，占自然湿地面积的 8.45%。1997～2007 年，自然湿地向人工湿地转移了 32.40%，面积为 4.44 万 hm^2，向非湿地转移了 5.51%，面积为 0.75 万 hm^2。

表 4-9　1987～1997 年盐城海滨湿地景观面积转移矩阵　　　（单位：hm²）

景观类型	人工湿地	自然湿地	非湿地
人工湿地	57937.846	6654.423	15327.355
自然湿地	86862.406	82492.668	15637.895
非湿地	74596.085	4325.375	92052.856

注：某一行数据表示 1987 年某一景观类型转变为 1997 年各景观类型面积，下同。

表 4-10　1997～2007 年盐城海滨湿地景观面积转移矩阵　　　（单位：hm²）

景观类型	人工湿地	自然湿地	非湿地
人工湿地	162767.194	5345.720	18011.306
自然湿地	44362.822	85043.530	7541.680
非湿地	14839.364	3460.300	98308.014

4.3.4　盐城海滨湿地景观多样性变化

从表 4-11 可以看出，盐城海滨湿地景观多样性指数在 1987～1997 年显著上升，主要由于大量自然湿地受人类生产活动的影响，转变为非湿地和人工湿地，打破了一种或几种海滨湿地景观的垄断优势，使景观均匀度指数（Shannon's evenness index，SHEI）上升，优势度指数下降，景观多样性指数上升。而 1997～2007 年，景观多样性指数又出现了下降趋势，因为人类生产活动导致自然湿地继续减少，人工湿地、非湿地比重进一步上升，在海滨湿地景观构成中形成了新的垄断优势，使景观均匀度指数下降，优势度指数上升。

表 4-11　盐城海滨湿地景观异质性变化

景观指数	1987 年	1997 年	2007 年
SHDI	1.6493	2.0372	1.9563
D	0.6533	0.5277	0.5286
SHEI	0.7163	0.8198	0.7873

从平均分维数来看，盐城海滨湿地平均分维数越来越趋近于 1，1987～2007 年的平均分维数由 1.0362 降至 1.0270，形状趋于规则，说明受人类活动影响越来越大。

4.3.5　盐城海滨湿地景观质心空间变化

对于自然湿地、人工湿地的质心，由表 4-12 可以得出海滨湿地景观质心发生了不同程度的偏移变化。大丰、东台两市（区）海滨湿地中人工湿地明显地向海岸方向增加，导致人工湿地的质心向东南方向偏移。人工湿地的质心在 1987～1997 年向东南偏移了 58.17km，1997～2007 年向东南偏移了 12.67km。1987～2007年，盐城海岸"北蚀南淤""蚀进淤退"的自然特征及人类活动的影响，使得自然湿地在海滨湿地景观构成中的比重越来越小，到 2007 年仅占海滨湿地景观的21.44%；景观质心向东南偏移。自然湿地的质心在 1987～1997 年向东南偏移了6.15km，1997～2007 年向东南偏移了 7.15km。其中，1987～1997 年，由于人工恢复芦苇沼泽，至 1997 年射阳河口以南的芦苇沼泽形成明显的带状，所以芦苇沼泽的质心向东南偏移了 5.60km；1997～2007 年，一方面由于保护区核心区芦苇沼泽的恢复与保护，另一方面，大丰、东台两市（区）的芦苇沼泽基本都被开发为人工湿地，导致这一阶段芦苇沼泽向西北偏移了 23.79km。在米草引进之前，碱蓬是海滨湿地的先锋群落，至 1997 年碱蓬沼泽在射阳河口以南发育成明显的带状，所以碱蓬沼泽的质心在 1987～1997 年向东南偏移了 13.37km；1997～2007年，由于米草扩张和人类活动的影响，碱蓬沼泽仅存在于保护区核心区，所以其质心向西北偏移了 12.33km。米草沼泽的质心在 1987～1997 年向东南偏移了28.14km，1997～2007 年向西北偏移了 2.59km。尽管在研究过程中，研究区的东界以 1997 年的 TM 影像为基准，未考虑光滩的侵蚀、淤长的影响，但是米草的扩张还是使光滩的质心在 1987～1997 年向东南偏移了 95.37km，在 1997～2007 年向东南偏移了 10.25km。

表 4-12　海滨湿地景观质心变化　　　　（单位：km）

景观类型	1987～1997 年		1997～2007 年	
	偏移距离	偏移方向	偏移距离	偏移方向
自然湿地	6.15	东南	7.15	东南
人工湿地	58.17	东南	12.67	东南
芦苇沼泽	5.60	东南	23.79	西北
碱蓬沼泽	13.37	东南	12.33	西北
米草沼泽	28.14	东南	2.59	西北
光滩	95.37	东南	10.25	东南

4.4　侵蚀型海滨湿地景观时空变化

在本书研究中，重点研究的是以盐城自然保护区核心区为案例区的淤长型海滨湿地景观格局的时空演变。但是，盐城海岸是侵蚀与淤长兼备，为了更全面地认识盐城海滨湿地景观格局的时空变化特征，本书在上述研究基础上，专门对侵蚀型海滨湿地景观结构与格局辩识进行了研究。本书研究中，选择北至陡港，南至喇叭口，西至新海堤，作为侵蚀型海滨湿地的代表区，海岸线长约 7km，面积约 11.6km^2（图 4-17）。

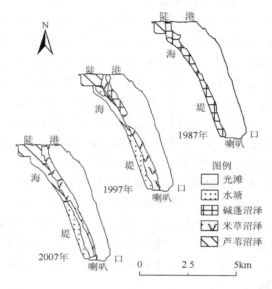

图 4-17　1987～2007 年侵蚀型海滨湿地景观变化

4.4.1　侵蚀型海滨湿地景观结构变化

从景观斑块面积和数量看，1987 年侵蚀型海滨湿地景观由光滩、碱蓬沼泽构成，比重分别为 76.91%、18.68%；1997 年，主要成分变成光滩、米草沼泽、芦苇沼泽，比重分别为 58.37%、13.35%、13.01%；2007 年，光滩、米草沼泽、芦苇沼泽的比重变为 60.85%、14.51%、15.85%。通过图 4-18 可以看出，1987～1997 年，光滩主要向米草沼泽和碱蓬沼泽转移；碱蓬沼泽全部转移为芦苇沼泽、水塘和米草沼泽。1997～2007 年，水塘向芦苇沼泽转移；米草沼泽向光滩和芦苇沼泽转移；碱蓬沼泽基本转移为米草沼泽和水塘。1987～2007 年，总的趋势为芦苇沼泽、米草沼泽的面积不断增加，芦苇沼泽由 4.34% 上升至 15.85%，米草沼泽增加到 14.51%；碱蓬沼泽不断减少，至 2007 年已消失；光滩的面积先减少后增加；西部边缘区的水塘面积呈现先增加后减少的趋势。

从景观异质性特征及其变化看，侵蚀型海滨湿地的景观异质性变化阶段性特征显著。从表 4-13 中可以看出，1987～2007 年，景观多样性指数先升后降，景观

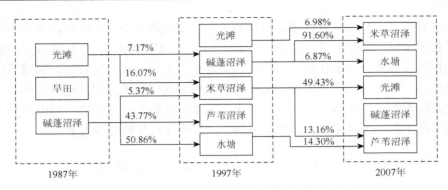

图 4-18　1987～2007 年侵蚀型海滨湿地景观转移

破碎化指数（FN₂）先升后降，景观优势度持续下降。总体上，侵蚀型海岸沼泽景观在 1987～1997 年呈现破碎化趋势，1997～2007 年的景观完整性提高。

表 4-13　侵蚀型海滨湿地景观异质性指数

景观指数	1987 年	1997 年	2007 年
SHDI	0.6572	1.2352	1.0880
FN_2	0.8333	0.8571	0.8333
D	0.7291	0.3742	0.2983

4.4.2　侵蚀型海滨湿地景观格局变化

从景观空间格局看，侵蚀型海岸沼泽景观总体上表现出南北延伸、东西更替的带状分布格局。1987 年，景观单一，仅碱蓬沼泽和光滩为带状分布，芦苇沼泽呈现斑状分布。1997 年，芦苇沼泽、碱蓬沼泽、米草沼泽、水塘都表现出带状特征，但只有光滩呈现南北完整连续分布。到 2007 年，维持了带状平行格局，米草沼泽发育成南北连续分布。但是和淤长型海岸沼泽景观比较，无论是总体宽度，还是各景观类型宽度都小得多，各景观带宽度变化差异显著。1987～2007 年，光滩、芦苇沼泽的宽度先减小后增加，碱蓬沼泽退化消失，米草沼泽由无到有并迅速扩张。从景观带南北延伸看，1987 年，侵蚀型海岸沼泽只有光滩呈南北连续分布。到 2007 年，由于米草扩张，也呈现南北连续分布，但是其宽度比淤长型海岸米草沼泽宽度窄得多，芦苇沼泽南北带长基本没有变化，各景观带宽度呈现北宽南窄的格局。

侵蚀型海滨湿地景观格局空间演变受人为干扰和自然演替双重作用，表现出一定的阶段性。距陡港 1800m 处作断面，从图 4-19 中可以看出，1987～1997 年，人为恢复芦苇沼泽、开垦养殖、米草的引进，使景观带发生从陆地向海洋的、类似淤长型海岸的演变特征；而 1997~2007 年，人为作用减弱，景观格局空间演替遵循侵蚀型海滨湿地退化特征，与淤长型海滨湿地呈相反方向发展，除碱蓬沼泽消失外，芦苇沼泽、米草沼泽、光滩都不同程度地向陆地方向缩进。总体上，侵蚀型海滨湿地景观格局空间演替方向也呈现单方向特征，不过在不同的演替阶段方向不同，人为干扰下海滨湿地景观演替速度要比自然演替快得多。

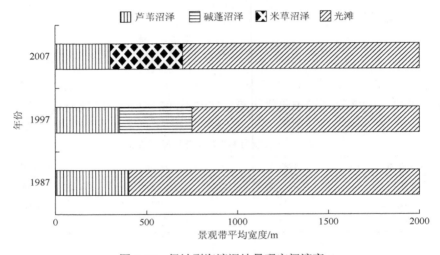

图 4-19　侵蚀型海滨湿地景观空间演变

4.5　海滨湿地景观变化的生态环境效应

盐城海滨湿地在自然和人类活动的双重作用下，景观结构与格局时空变化显著，对生态环境产生了一系列的影响。面对生态环境的压力，人类只有做出积极的响应，才能维护海滨湿地生态系统健康发展。因此本书从自然湿地景观丧失、生物多样下降、生态环境面临威胁三方面分析海滨湿地景观变化的生态环境效应。

4.5.1　自然湿地景观丧失

1987 年到 2007 年，盐城海滨自然湿地丧失了 24%，面积约 $10×10^4 hm^2$。主要是由于人口的增加，增加了对土地的需求，盐城海滨湿地被看作是最大的后备耕地资源，所以为了改善土地供需矛盾，政府通过开发海滨湿地扩大生产性土地面积，导致滩涂湿地面积持续萎缩，大面积的围垦导致大量自然湿地丧失，意味着生境类型和面积的丧失，必然对生物多样性产生影响。1987~1997

年、1997~2007 年分别有约 $5.25 \times 10^4 hm^2$ 和 $4.13 \times 10^4 hm^2$ 的自然湿地被开垦为水塘和耕地。大丰市 1997~2000 年就围垦了 $1.5 \times 10^4 hm^2$，比该市在此前 30 年开垦的总和还多，"九五"计划和"十五"计划期间的江苏百万亩滩涂开发工程中，盐城海滨湿地总计围垦 $14.314 \times 10^4 hm^2$，接近盐城海滨湿地总面积的 1/3。根据《江苏省沿海滩涂围垦规划（2005—2015 年）》，江苏省沿海滩涂围垦规划的重点也是在盐城，全省规划围垦面积为 3.33 万 hm^2，而 60%以上在盐城，见表 4-14。

表 4-14　盐城海滨湿地围垦状况　　　　　　　（单位：hm^2）

县（市）	总面积	按用途分面积					
		种植业	淡水养殖	海水养殖	盐业	其他	未开发
盐城	125640	35650.1	27136.9	23876.9	25129.6	11259.9	2586.6
响水	23366.7	333.4	—	10033.3	13000	—	—
滨海	12526.7	3276.6	3116.9	1230.2	4903	—	—
射阳	40420	7706.7	8560	6086.7	6393.3	9086.7	2586.6
大丰	30533.3	10673.3	12786.7	6026.7	833.3	213.3	—
东台	18793.3	13660.1	2673.3	500.0	—	1959.9	—

注：《江苏省沿海滩涂围垦规划（2005—2015 年）》，江苏省农业资源开发局，其中上海海丰垦区 1.75 万 hm^2，未统计在大丰市；"—"表示数据暂缺。

4.5.2　生物多样性下降

盐城海滨湿地是我国优先保护的 17 个生物多样性关键地区之一，1992 年被国务院列为国家级自然保护区，1993 年被联合国教育、科学及文化组织接纳为"人与生物圈保护区网络"成员，1996 年被纳入"东北亚鹤类保护区网络"。其适宜的自然条件，发育了复杂多样的湿地生态系统，其独特性不仅表现在生态类型的齐全，而且是集中的大面积分布（牛文元，1989），具有典型的海滨湿地生物多样性特征，是丹顶鹤等珍稀物种重要的栖息地。但是，随着芦苇沼泽、碱蓬沼泽等丹顶鹤原生生境不断被开发，适宜性的栖息地范围逐渐缩小。

丹顶鹤属于国家一级重点保护鸟类，为全球濒危物种，其野生种群的个体总数在 2600 只左右。盐城海滨湿地是丹顶鹤在中国最主要的越冬地。从图 4-20 可以看出，1982~2000 年，盐城海滨湿地越冬丹顶鹤数量呈现波动上升趋势，而 2000 年以来呈现波动下降趋势。丹顶鹤种群数量波动与其生境息息相关，1987 年、1997 年、2007 年，丹顶鹤适宜性生境面积分别为 $27.2858 \times 10^4 hm^2$、$20.6286 \times 10^4 hm^2$、$17.1814 \times 10^4 hm^2$，适宜性生境面积占盐城海滨湿地总面积的比重由 1987 年的

64.54%减少为 2007 年的 38.13%。丹顶鹤适宜性生境面积不断缩小，而丹顶鹤适宜性生境斑块数量却在增加，意味着丹顶鹤生境平均斑块面积在减小，必然会引起丹顶鹤种群数量的减少，若斑块面积达不到丹顶鹤最小存活面积，可能会引起物种的灭绝。自然生境的消失，不仅对丹顶鹤等珍稀物种的栖息生境产生影响，对其他依赖于海滨湿地生态系统生存的动、植物种类和数量同样产生影响。例如，1983 年大丰市四卯酉外滩区段内原有的 6.7km 宽度的长条状贝类资源生活区，随着围垦开发利用及其导致的耐盐植物的向外拓展，至 2000 年仅留下不足 3km 宽度，导致贝类资源的生物量锐减。另外，外来物种，尤其是米草的蔓延，使海滨湿地资源遭受破坏，生物多样性明显降低，严重威胁本土海滨湿地生态系统，长此以往可能致使大量本地物种消失。在 1983 年引入米草时，是用作保滩护岸和饲料作物，但由于其生态幅广，急剧蔓延，迅速在南北方向上延伸成带，向东西两个方向拓宽，使得光滩和碱蓬沼泽面积急剧减少，而光滩上贝类、虾蟹的生存环境，更是鸟类的主要觅食区；而碱蓬沼泽更是黑嘴鸥、燕鸥、獐等动物的栖息地和繁殖地。再者，海滨湿地景观的破碎化引发越来越多的边缘暴露在受人类活动影响的景观之中，产生显著的边缘效应，边缘效应的存在，会使植物、动物等物种发生变化。

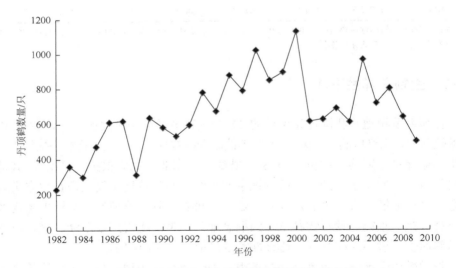

图 4-20　盐城海滨湿地丹顶鹤越冬种群数量变化

　　总之，大面积的围垦和过度开发，破坏了原有的海滨湿地生态系统，景观斑块数量明显增加，平均斑块面积减小，破碎化程度加大，导致生物资源生存生活空间大为缩小，降低了海滨湿地生态系统的稳定性和生产力，导致生物多样性的降低。

4.5.3　生态环境面临威胁

　　盐城海滨湿地在人类活动干扰下，大面积自然湿地丧失，破碎化明显，自然湿地平均斑块面积减小，更容易受到人类活动的影响，生态系统变得脆弱。自然湿地平均斑块面积 1987 年为 1940.21hm²，1997 年减少为 879.34hm²，2007 年减少为 348.64hm²。另外，通过筑堤围垦、挖渠灌溉，堤坝面积比重由 1997 年的 2.88%增加到 2007 年的 4.45%，不仅使景观变得破碎，更重要的是改变了湿地原有的水文过程，对海滨湿地景观和生态系统产生巨大的影响，导致湿地生态系统的退化。此外，保护区及其周围人类生产活动引起的环境污染，严重威胁着海滨湿地生态环境。点源污染主要为企业污水排放；面源污染主要为水产养殖污水排放、大量农药及杀虫剂的使用及化工园区的排放。从表 4-15 和表 4-16 中可以看出，2005年的监测结果在盐城的六个监测断面上（陈港、六垛闸、射阳闸、黄沙港闸、新洋港闸、斗龙闸），石油类全部超标。而在江苏沿海三市污染物入海量方面，盐城排放最多，比南通和连云港两市之和还多，占沿海入海河流污染物入海量的53.93%。自然条件下海滨湿地土壤环境，随着距海的距离增加，土壤中含盐量降低，有机质含量增加。但是随着人类对海滨湿地的围垦、养殖等开发利用的加剧，土壤环境特性也随着土地利用方式的不同而有所差异，一般以海水利用为主的生产方式，土壤含盐量会逐渐增加，有机质含量减少；而以淡水利用为主的生产方式，土壤含盐量会逐渐下降，有机质含量上升。

表 4-15　2005 年盐城入海河口水质监测结果统计表

地区	测点名称	河流名称	水质类别	超Ⅲ类项目
	陈港	灌河	Ⅳ类	石油类
	六垛闸	苏北灌溉总渠	Ⅳ类	石油类
	射阳闸	射阳河	Ⅳ类	石油类、氨氮
盐城	黄沙港闸	黄沙港河	Ⅳ类	溶解氧、石油类
	新洋港闸	新洋港河	Ⅳ类	溶解氧、石油类
	斗龙闸	斗龙港河	Ⅳ类	石油类

资料来源：2005 年度江苏省近岸海域环境质量公报，江苏省环境保护厅。

表 4-16　2005 年江苏省入海河流污染物入海量统计表

地区	年入海水量/万 t	污染物入海量/t				
		化学需氧量	石油类	氨氮	总氮	总磷
全省	573890	249433	197	4164	20057	1123
连云港	215990	114463	—	1221	9422	500

续表

地区	年入海水量/万 t	污染物入海量/t				
		化学需氧量	石油类	氨氮	总氮	总磷
盐城	348314	134229	197	2845	10419	590
南通	9586	741	—	98	216	33

资料来源:2005 年度江苏省近岸海域环境质量公报,江苏省环境保护厅。

4.6 海滨湿地景观变化驱动力

4.6.1 自然驱动要素

自然条件控制的盐城海滨湿地,主要受水文动力、地貌过程、植被等自然因素的驱动。其中海岸地貌过程和植物覆被类型演变过程为主要因素。由于其连续变化,驱动景观变化过程呈连续、稳定的特征。

盐城海滨湿地的地貌过程与泥沙供应条件、海洋动力相关。研究区海岸为淤长型海岸,在潮汐、潮流作用下平均高潮线不断向海淤进,潮间带下部、潮下带平缓,潮沟发育。地貌过程影响着水文过程,进而影响土壤的理化性质,尤其是土壤盐度。土壤作为景观变化的一个重要动力,其变化直接影响植被的发育演替,在空间上表现为景观格局梯度变化。地貌过程、水文过程致使淤长型海滨湿地土壤过程与潮水进退一致,景观格局表现为从陆地向海洋方向的梯度变化。所选择的研究区为典型的淤长型海岸,根据 908 专项中 2002 年高程数据,以及 2011 年雷达测试数据与野外监测结果,并结合 ETM+ 影像,绘制了2002~2011 年研究区内断面高程变化图,如图 4-21 所示。可以看出,2002~2011年的高程变化总体上呈增加趋势,从芦苇沼泽、碱蓬沼泽到米草沼泽,高程增加的幅度逐渐增大。2002 年,高程从陆地向海洋方向是逐渐降低的,而到了 2011年,互花米草的超强促淤能力,致使米草沼泽带高程上升明显,海滨湿地高程断面呈"U"形。

海岸地貌过程改变了植物的生境,导致植被发生演替。海滨景观格局演变形态上就是植物与生境相互适应的产物。所以说,植物覆被类型变化是海滨湿地景观格局演变的外在表现。研究区内,主要植物包括了芦苇、碱蓬及外来物种互花米草。植物覆被类型变化与潮侵的频率息息相关。芦苇分布在大潮高潮位以上,潮侵频率小于 5%;碱蓬分布在大潮高潮位与平均高潮位之间,潮侵频率在 5%~30%;互花米草主要分布在平均高潮位和小潮高潮位之间,潮侵频率在 20%~50%。在引种互花米草之前,淤长型海岸平均高潮线不断向海淤进,同一地点潮侵频率降低,植物覆被类型按光滩—碱蓬—芦苇的顺序变化。

互花米草引种之后，由于互花米草为广生态幅外来物种，有着极强的耐淤埋、耐风浪的特征，能够在海滨潮间带大部分区域生长（袁红伟等，2009）。所以，海滨湿地景观中米草沼泽扩张最为迅速，海滨湿地先锋群落由碱蓬变为互花米草。

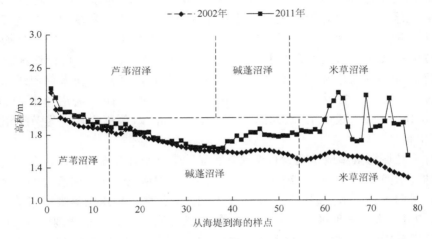

图 4-21　研究区断面高程变化

横轴表示以某一断面中从陆向海布 78 个点，提取 2002 年和 2011 年的地形数据，将这些点的高程连起来

4.6.2　人为驱动要素

在人工管理区，建设拦水堤坝，不仅使景观变得破碎，更重要的是改变了水文过程，导致生态过程突变，致使景观演变不连续，发生突变。拦水堤坝一方面可以阻止潮汐作用下海水入侵；另一方面可以储存淡水，致使生态过程发生改变，生态系统类型逐渐向淡水湿地方向演变。同时，拦水堤坝有效地发挥了廊道阻碍作用，减缓互花米草往陆地方向扩张的速度，导致景观演变的连续性被打破。

4.7　小　　结

本章对海滨湿地景观结构与格局时空变化进行系统研究，是正确认识海滨湿地景观过程的重要依据。将盐城自然保护区核心区分为人工管理和自然条件两种模式，本章通过比较 2000 年、2006 年和 2011 年景观结构与格局时空变化特征，探讨人为和自然差异条件下，海滨湿地景观结构与格局变化特征及差异性。在此基础上，进一步分析了盐城海滨湿地及侵蚀型海滨湿地景观变化特征；研究了景观变化的生态环境效应，得出如下结论。

（1）2000～2011 年，研究区景观结构变化总体上表现为芦苇沼泽和米草沼泽面积不断扩张，碱蓬沼泽面积明显减少，景观呈现破碎化的趋势；景观转移主要表现为碱蓬沼泽向芦苇沼泽和米草沼泽转移，光滩向米草沼泽转移。其中，人工管理区，实施生态管理进行芦苇沼泽恢复，以及互花米草超强的适应和扩张能力，致使芦苇沼泽、米草沼泽面积比重分别从 42.504%、2.681%增加至55.637%和 12.127%，而碱蓬沼泽由 24.626%减少为 5.221%；合计约 80%的碱蓬沼泽转变为芦苇沼泽和米草沼泽。自然条件区，芦苇沼泽和米草沼泽的比重分别从 5.042%、17.525%增加至 23.601%和 34.466%，而碱蓬沼泽由 36.910%减少至 14.414%，减少了 60.948%，合计约 60%的碱蓬沼泽转变为芦苇沼泽和米草沼泽。

（2）盐城海滨湿地景观分布格局具有显著带状平行分布的格局，景观带呈南北延伸、东西更替。2000～2011 年，海滨湿地景观格局变化主要表现为芦苇沼泽向海洋方向扩张，米草沼泽向海陆两个方向同时扩张，碱蓬沼泽则以向中心收缩为主。其中，人工管理区芦苇沼泽向海洋方向扩张了 2634m，扩张速度为 240m/a；米草沼泽分别向海陆方向扩张了 440m 和 675m，扩张速度分别为 40m/a 和 61m/a，以向陆地方向扩张为主；碱蓬沼泽从海陆两个方向向中心收缩了 675m 和 2634m，收缩速度分别为 61m/a 和 240m/a，以向海洋方向收缩为主。自然条件区，芦苇沼泽向海洋方向扩张了 1785m，扩张速度为 162m/a；米草沼泽分别向海陆方向扩张了 1290m 和 445m，扩张速度分别为 117m/a 和 40m/a，以向海洋方向扩张为主；碱蓬沼泽从海陆两个方向向中心收缩了 325m 和 1785m，收缩速度分别为 30m/a和 162m/a，以向海洋方向收缩为主。从景观类型斑块的变化轨迹看，2000～2011年，人工管理下，水塘先向东偏北方向、后向南偏西方向移动；芦苇沼泽先向东偏南方向、后向北偏西方向移动；碱蓬沼泽持续向东北方向移动；米草沼泽先向西北方向、后向西南方向移动。自然条件控制下，芦苇沼泽持续向东南方向移动；碱蓬沼泽先向东北方向、后向北移动；米草沼泽先向东北方向、后向西北方向移动。

（3）整个盐城海滨湿地景观结构变化表现出自然湿地减少、人工湿地和非湿地增加的态势；侵蚀型海滨湿地景观格局变化呈现出与淤长型海滨湿地景观格局变化相反的特征。最后，从自然湿地面积、生物多样性、环境污染 3 个方面分析了海滨湿地景观变化的生态环境效应。

（4）海滨湿地景观结构与格局变化受自然和人为双重影响。在人工管理模式下，盐城海滨湿地景观格局自然演变规律被打乱，呈现向人为主导类型（芦苇沼泽）方向演变的特征。在人为作用下，建设拦水堤坝等，阻止潮汐作用下海水的扩散能力，生态过程发生改变，致使生态系统类型向淡水湿地（芦苇沼泽）方向演变。同时，由于互花米草是外来物种，其扩张能力很强，结果碱蓬沼泽受到芦苇沼泽人为扩展和米草沼泽自然扩张的影响而不断收缩。而自然条件下，湿地生态系统演替过程受潮汐作用规律性影响，景观格局带状特征十分明显。

第5章 海滨湿地土壤基本性状及其时空变化

湿地生态系统的形成是与当地的气候条件、水文特征、土壤及植被共同作用的结果。海滨湿地位于海洋与陆地的过渡地带，对海滨湿地生态系统的形成起决定作用的是潮位变化及相关的海洋水文条件，潮水周期性地作用于滩面，影响了地下潜水的水位和水质，最终由土壤的性状和发育方向表现出来。因此，土壤作为盐城海滨湿地景观变化的最基本驱动要素，其变化直接影响植被类型发育和景观演替。为了进一步揭示不同驱动模式下景观生态过程的差异，本章主要根据野外采样和实验室分析的结果，对人工管理和自然条件两种不同驱动模式下海滨湿地基本性状特征及其时空变化进行分析。

5.1 海滨湿地土壤基本性状

水文条件是湿地得以维持的重要因子，湿地水文条件制约着湿地土壤诸多理化特征，从而影响湿地植被的类型、湿地生态系统结构和功能等。通过所有监测点数据的统计分析得出：干旱年份，海滨湿地土壤水分含量在 35.065%~50.545%，平均值为 41.791%（表 5-1）；存在着中等程度的变异，变异系数为 11.079%，最高值和最低值都出现在米草沼泽。湿润年份，土壤水分含量在 33.973%~55.015%，平均值为 43.169%（表 5-1）；存在着中等程度的变异，变异系数为 11.765%，最高值出现在米草沼泽，最低值出现在人工围堰区的芦苇沼泽。

海滨湿地土壤盐度作为植被发育最主要的限制因素，控制着湿地演替的方向。通过所有监测点数据的统计分析得出：干旱年份，海滨湿地土壤盐度在 0.198%~2.741%，平均值为 0.929%（表 5-1）；存在着中等程度的变异，变异系数为 62.152%，最高值出现在米草沼泽，最低值出现在人工围堰区的芦苇沼泽。湿润年份，海滨湿地土壤盐度在 0.205%~1.620%，平均值为 0.647%（表 5-1）；存在着中等程度的变异，变异系数为 55.992%，最高值出现在米草沼泽，最低值出现在人工围堰区的芦苇沼泽。

有机质是土壤的重要组成部分，是土壤肥力的基础，也是土壤发育的重要标志。通过监测点数据的统计分析得出：干旱年份，土壤有机质的含量在 0.365%~1.870%，平均含量为 0.951%（表 5-1）；存在着中等程度的变异，变异系数为 40.655%，最高值出现在米草沼泽，最低值出现在光滩。湿润年份，土壤有机质含量在 0.547%～3.200%，平均含量为 1.287%（表 5-1）；存在着中等程度的变异，变异系数为 53.921%，最高值同样出现在米草沼泽，最低值出现在光滩。

　　氮素是植物生长的重要营养元素之一，与植物生长有着密切的关系，同时在土壤肥力中也起着重要的作用。土壤中的氮素以有机和无机两种形态存在，以有机氮为主，一般占土壤总氮量的 95%以上。氨氮是土壤无机氮的主要形态之一，是植物能够直接吸收利用的有效态氮。通过监测点数据的统计分析得出：干旱年份土壤氨氮含量在 3.410～23.131mg/kg，平均含量为 10.254mg/kg（表 5-1）；存在着中等程度的变异，变异系数为 53.581%，最高值出现在米草沼泽，最低值出现在光滩。湿润年份土壤氨氮含量在 0.150～44.430mg/kg，平均含量为 12.176mg/kg（表 5-1）；存在着中等程度的变异，变异系数为 81.466%，最高值同样出现在米草沼泽，最低值出现在人工围堰区芦苇沼泽。

　　磷是植物生长所必需的三大营养元素之一，有效磷含量能够相对地反应土壤的供磷水平。通过所有监测点数据的统计分析得出：干旱年份，盐城海滨湿地土壤有效磷含量在 4.689～34.815mg/kg，平均值为 12.202mg/kg（表 5-1）；存在着中等程度的变异，变异系数为 56.688%，最大值出现在米草沼泽，最小值出现在光滩。湿润年份，土壤有效磷含量在 5.139～28.751mg/kg，平均值为 10.038mg/kg（表 5-1）；存在着中等程度的变异，变异系数为 49.935%，最大值出现在米草沼泽，最小值出现在芦苇沼泽。

　　钾同样是植物生长三大营养元素之一，植物可以从土壤中直接吸收利用的为水溶性钾，但是交换性钾很快可以与水溶性钾之间达到平衡，二者合称速效钾，速效钾含量最能反映土壤供钾能力。通过所有监测点数据的统计分析得出：干旱年份，盐城海滨湿地土壤速效钾含量在 94.356～238.988mg/kg，平均值为 150.017mg/kg（表 5-1）；存在着中等程度的变异，变异系数为 21.379%，最大值出现在米草沼泽，最小值出现在光滩。湿润年份，土壤速效钾含量在 132.919～240.183 mg/kg，平均值为 171.689mg/kg（表 5-1）；存在着中等程度的变异，变异系数为 15.970%，最大值出现在米草沼泽，最小值出现在芦苇沼泽。

表 5-1　海滨湿地土壤基本性状指标

时间	指标	水分/%	盐度/%	有机质/%	氨氮/(mg/kg)	有效磷/(mg/kg)	速效钾/(mg/kg)
干旱年份	MAX	50.545	2.741	1.870	23.131	34.815	238.988
	MIN	35.065	0.198	0.365	3.410	4.689	94.356
	AVERAGE	41.791	0.929	0.951	10.254	12.202	150.017
湿润年份	MAX	55.015	1.620	3.200	44.430	28.751	240.183
	MIN	33.973	0.205	0.547	0.150	5.139	132.919
	AVERAGE	43.169	0.647	1.287	12.176	10.038	171.689

5.2　海滨湿地土壤性状的空间变化

5.2.1　海滨湿地土壤水分空间变化

海滨湿地土壤水分差异主要体现在海陆方向上、不同景观类型之间的差异。通过单因素方差（ANOVA）分析（显著性水平 $\alpha = 0.05$），得出：在干旱年份或者湿润年份，人工管理区或是自然条件区，盐城海滨湿地不同景观类型土壤水分存在着显著差异性。从图 5-1 和图 5-2 可以看出：海滨湿地土壤水分从陆地向海洋呈现波动上升的趋势，即从芦苇沼泽、碱蓬沼泽到米草沼泽，土壤水分呈上升的态势。主要由于从芦苇沼泽、碱蓬沼泽到米草沼泽，随着距海洋的距离由远及近，潮滩湿地受到海水潮汐的影响逐渐增大，土壤水分逐渐升高。

人工管理和自然条件两种驱动模式，对海滨湿地土壤水分产生不同的影响。通过单因素方差（ANOVA）分析（显著性水平 $\alpha = 0.05$），人工管理区和自然条件区土壤水分存在着明显的差异。为了进一步揭示人工管理和自然条件两种模式下土壤水分的差异，通过对人工管理区和自然条件区海滨湿地土壤水分平均值进行对比，可以得出：无论干旱年份还是湿润年份，人工管理区各景观类型的土壤平均水分含量高于自然条件区。干旱年份，人工管理区土壤水分平均值为 42.001%，略高于自然条件区的 41.749%；人工管理区，从芦苇沼泽、碱蓬沼泽到米草沼泽土壤水分平均含量依次为 38.834%、41.053%、46.965%；自然条件区，从芦苇沼泽、碱蓬沼泽、米草沼泽到光滩土壤水分平均含量依次为 36.786%、40.703%、

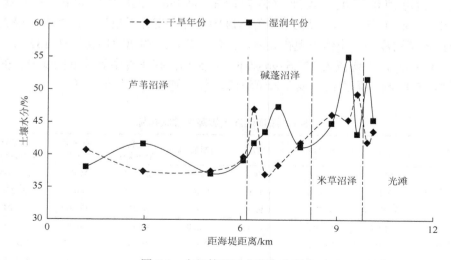

图 5-1　人工管理区土壤水分变化

44.159%、42.785%。湿润年份，人工管理区土壤水分平均值为 43.848%，略高于自然条件区的 42.650%；人工管理区，从芦苇沼泽、碱蓬沼泽到米草沼泽土壤水分平均含量依次为 39.002%、43.496%、47.681%；自然条件区，从芦苇沼泽、碱蓬沼泽、米草沼泽到光滩土壤水分平均含量依次为 38.848%、40.417%、46.034%、48.493%。人工管理区，通过人工建设拦水堤坝，蓄积淡水，并通过地表排水或地下径流对碱蓬沼泽的土壤水分产生影响，而人工管理区米草沼泽的宽度明显小于自然条件下米草沼泽的宽度，更容易受到海水的影响。

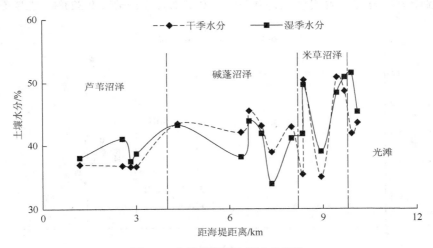

图 5-2　自然条件区土壤水分变化

5.2.2　海滨湿地土壤盐度空间变化

　　土壤盐度在海陆方向上的差异，是海滨湿地景观格局形成的重要因素之一。通过单因素方差（ANOVA）分析（显著性水平 $\alpha = 0.05$），得出：在干旱年份或者湿润年份，人工管理区或自然条件区，盐城海滨湿地不同景观类型土壤盐度存在着显著的差异性。从图 5-3 和图 5-4 可以看出：海滨湿地土壤盐度从陆地向海洋呈现波动上升的趋势，即从芦苇沼泽、碱蓬沼泽到米草沼泽，土壤盐度呈上升的态势。海水是土壤盐度的主要来源，从芦苇沼泽到米草沼泽，随着距海堤距离的增加，离海洋越来越近，潮滩地下潜水位变浅，受海水影响的时间增加，土壤盐度呈现相应的增加。

　　人工管理区主要是通过对土壤盐度施加影响，改变自然状态下海滨湿地景观演变过程。通过单因素方差（ANOVA）分析（显著性水平 $\alpha = 0.05$），人工管理区和自然条件区土壤盐度存在着明显的差异。进一步比较人工管理区和自然条件区土壤盐度的平均值，可以得出：无论干旱年份还是湿润年份，在人工管理区，容易受到淡水影响的芦苇沼泽和碱蓬沼泽盐度明显低于自然条件区。干旱年份，人工管理区土壤盐度平均值为0.905%，低于自然条件区的0.948%；人工管理区从芦苇沼泽、碱蓬沼泽到米草沼泽土壤平均盐度依次为0.388%、0.707%、1.756%；自然条件区从芦苇沼泽、碱蓬沼泽、米草沼泽到光滩土壤平均盐度依次为0.433%、0.927%、1.342%、1.057%。湿润年份，人工管理区土壤盐度平均值为0.628%，低于自然条件区的0.662%；人工管理区从芦苇沼泽、碱蓬沼泽到米草沼泽土壤平均盐度依次为0.283%、0.453%、1.192%；自然条件区从芦苇沼泽、碱蓬沼泽、米草沼泽到光滩土壤平均盐度依次为0.379%、0.628%、0.866%、0.823%。主要原因在

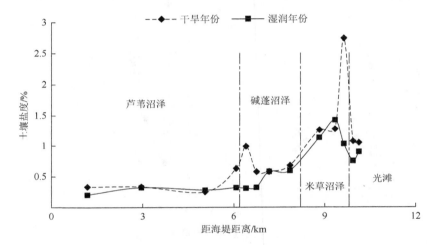

图 5-3　人工管理区土壤盐度变化

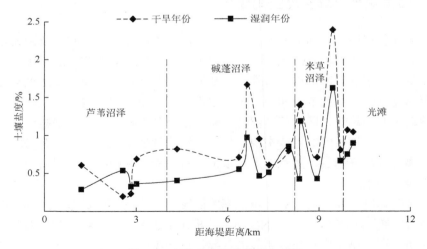

图 5-4　自然条件区土壤盐度变化

于：一是人工管理区实施了人工围堰，恢复淡水芦苇沼泽，使得土壤盐度降低。二是人工管理区米草沼泽带宽度较自然条件区窄，而且岸滩较南部自然条件区表现出一定的侵蚀作用，使米草沼泽更容易受到海水的影响，致使土壤盐度升高。三是碱蓬沼泽相对于芦苇沼泽高程较低，人工围堰区的淡水易通过地表径流和地下渗透的方式影响碱蓬沼泽，而米草沼泽的促淤功能在一定程度上也阻挡了潮水的入侵，致使碱蓬沼泽土壤盐度下降。

5.2.3　海滨湿地土壤有机质空间变化

土壤有机质含量的多少与潮滩湿地的植被类型息息相关，不同植被土壤有机质存在明显差异。通过单因素方差（ANOVA）分析（显著性水平 $\alpha = 0.05$），得出：在干旱年份或者湿润年份，盐城海滨湿地不同景观类型土壤有机质含量存在着显著差异性。从图 5-5 和图 5-6 可以看出：海滨湿地土壤有机质含量从陆地向海洋呈现"S"形特征，即从芦苇沼泽、碱蓬沼泽、米草沼泽到光滩，土壤有机质呈现"高—低—高—低"的特征。通过平均值比较，得出：土壤有机质含量米草沼泽＞芦苇沼泽＞碱蓬沼泽＞光滩，这与海滨湿地土壤有机质来源密切相关。浮游生物、底栖生物和植物是海滨湿地土壤有机质的主要来源。光滩上由于缺少植被生长，其土壤有机质主要来源于浮游生物和底栖生物所产生的腐殖质。米草沼泽不仅受到海源的影响，而且，互花米草植株高且密度大，根系发达，所以地上和地下生物量都较大；此外，互花米草扩张能力强，滩面不断淤高，有机质不断积累，因此其有机质富集能力远高于芦苇沼泽、碱蓬沼泽和光滩。而碱蓬沼泽，由于碱蓬植株矮小，根系短而细，地上和地下生物量都比较低。芦苇沼泽，海水对其影响较小，土壤有机质主要来源于芦苇根系的新陈代谢和枯枝落叶形成的腐殖质，相比较米草沼泽，一方面芦苇生物量和扩张能力较米草弱，另一方面米草沼泽土壤有机质的积累还受到海源浮游生物和底栖生物的影响。所以海滨湿地土壤有机质含量米草沼泽＞芦苇沼泽＞碱蓬沼泽＞光滩。

人工管理区和自然条件区土壤有机质含量，通过单因素方差（ANOVA）分析（显著性水平 $\alpha = 0.05$）显示，它们之间的差异并不明显。进一步比较人工管理区和自然湿地土壤有机质平均值，可以得出：干旱年份，人工管理区土壤有机质平均值为 0.964%，略高于自然条件区的 0.941%；人工管理区从芦苇沼泽、碱蓬沼泽到米草沼泽土壤平均有机质含量依次为 1.179%、0.817%、1.248%；自然条件区从芦苇沼泽、碱蓬沼泽、米草沼泽到光滩土壤平均有机质含量依次为 1.103%、0.851%、1.138%、0.399%。湿润年份，人工管理区土壤有机质平均值为 1.204%，略低于自然条件区的 1.350%；人工管理区从芦苇沼泽、碱蓬沼泽到米草沼泽土壤平均有机质含量依次为 1.529%、1.016%、1.725%；自然条件区从芦苇沼泽、碱蓬沼泽、米草沼泽到光滩土壤平均有机质含量依次为 1.554%、1.047%、1.854%、

0.596%。

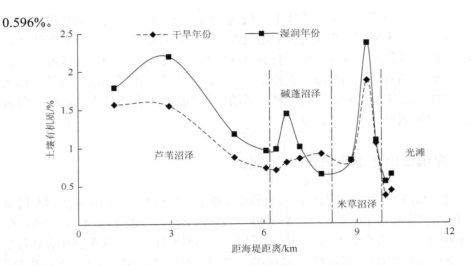

图 5-5 人工管理区土壤有机质变化

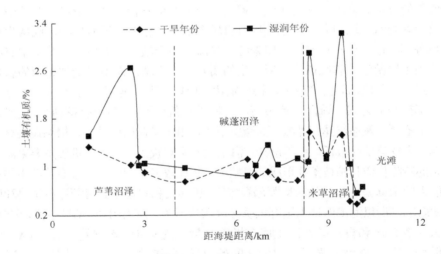

图 5-6 自然条件区土壤有机质变化

5.2.4 · 海滨湿地土壤营养盐空间变化

　　土壤营养盐是植物生长的重要养分，同时植物生长代谢向土壤释放营养物质，最终造成土壤中营养物质的相对富集和土壤性状的改变，所以地表植被差异是土壤营养物质差异的直观表现。通过单因素方差（ANOVA）分析（显著性水平 $\alpha = 0.05$），得出：在干旱年份或者湿润年份，盐城海滨湿地不同景观土壤营养盐含量存在着显著差异性。从图 5-7～图 5-12 可以看出：海滨湿地土壤营养盐总体上从陆地向海洋呈现"S"形特征，即从芦苇沼泽、碱蓬沼泽、米草沼泽到光滩，土壤营养盐呈现"高—低—高—低"的特征。通过平均值比较，得出：土壤营养含量米草沼泽＞芦苇沼泽＞碱蓬沼泽＞光滩。土壤营养盐含量的差异，在大尺度上主要与气候、成土母质等因素相关，而在小尺度上，可以忽略气候、成土母质的差异影响，主要受植被、地形差异的影响。盐城海滨湿地土壤营养盐的空间分异特征与不同植被下营养物质的积累密切相关，互花米草引种后，滩面的沉积速率明显增加，伴随着滩面的淤高，大量的营养物质积累下来；另外，互花米草具有扩张迅速、生物量大的特点，对有机质及营养盐的贡献率高，在非生长季节，大量的枯枝落叶堆积在地表，分解后大量的营养物质归还土壤，所以互花米草沼泽土壤营养盐含量最高。芦苇的生物量较互花米草低，而且芦苇沼泽位于海滨湿地地势最高处，地下水位相对于米草沼泽、碱蓬沼泽要低，土壤表层泥炭积累能力要弱，所以其营养盐含量一般要低于米草沼泽。碱蓬的生物量相对是最小的，对有机质和营养盐的积累作用比较薄弱，所以其营养盐含量较低。光滩由于缺少植被生长，对营养盐的积累作用低于有植被地区。

不同营养盐在人工管理区和自然条件区之间的差异性不同。通过单因素方差（ANOVA）分析（显著性水平 $\alpha = 0.05$），得出：海滨湿地土壤氨氮在人工管理区和自然条件区之间差异性明显，土壤有效磷和速效钾在人工管理区和自然条件区之间差异并不明显。进一步比较人工管理区和自然条件区土壤营养盐平均值，可以得出：干旱年份，人工管理区土壤氨氮、有效磷、速效钾的平均值分别为 11.761mg/kg、12.002mg/kg、138.551mg/kg，自然条件区分别为 9.101mg/kg、12.354mg/kg、158.784mg/kg。除土壤氨氮外，人工管理区土壤有效磷、土壤速效钾平均含量低于自然条件区。干旱年份，人工管理区，从芦苇沼泽、碱蓬沼泽到米草沼泽土壤氨氮平均值依次为 11.867mg/kg、10.341mg/kg、17.394mg/kg，土壤有效磷平均值依次为 11.611mg/kg、8.385mg/kg、21.973mg/kg，土壤速效钾平均值依次为 135.114mg/kg、126.892mg/kg、180.510mg/kg；自然条件区，从芦苇沼泽、碱蓬沼泽、米草沼泽到光滩土壤氨氮平均值依次为 8.731mg/kg、7.635mg/kg、12.419mg/kg、5.943mg/kg，土壤有效磷平均值依次为 12.690mg/kg、9.939mg/kg、17.904mg/kg、5.060mg/kg，土壤速效钾平均值依次为 158.216mg/kg、164.234mg/kg、173.891mg/kg、105.807mg/kg。湿润年份，人工管理区土壤氨氮、有效磷、速效钾的平均值分别为 12.826mg/kg、9.207mg/kg、166.137mg/kg，自然条件区分别为 10.503mg/kg、10.673mg/kg、175.934mg/kg，除土壤氨氮外，人工管理区土壤有效磷、土壤速效钾平均含量低于自然条件区。湿润年份，人工管理区，从芦苇沼泽、碱蓬沼泽到米草沼泽土壤氨氮平均值依次为 13.821mg/kg、12.551mg/kg、25.996mg/kg，土壤有效磷平均值依次为 9.500mg/kg、7.775mg/kg、12.630mg/kg，土壤速效钾平均值依次为 164.685mg/kg、156.443mg/kg、194.366mg/kg；自然条件区，从芦苇沼泽、碱蓬沼泽、米草沼泽到光滩土壤氨氮平均值依次为 9.398mg/kg、8.744mg/kg、17.245mg/kg、1.131mg/kg，土壤有效磷平均值依次为 10.480mg/kg、8.284mg/kg、15.429mg/kg、6.348mg/kg，土壤速效钾平均值依次为 176.327mg/kg、173.438mg/kg、190.555mg/kg、146.086mg/kg。

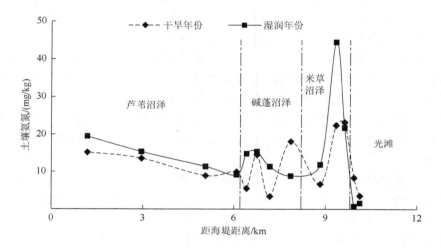

图 5-7　人工管理区土壤氨氮变化

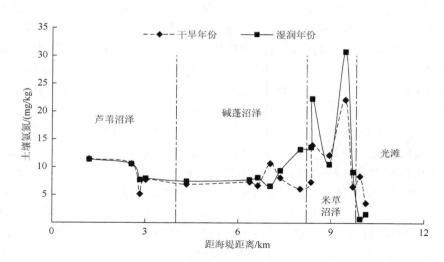

图 5-8　自然条件区土壤氨氮变化

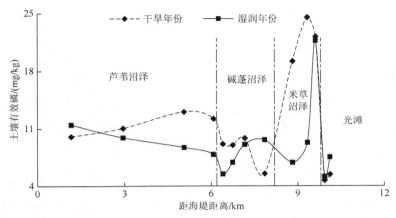

图 5-9　人工管理区土壤有效磷变化

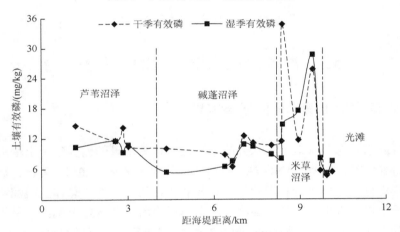

图 5-10　自然条件区土壤有效磷变化

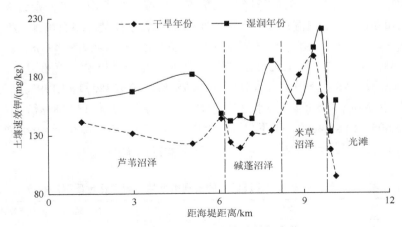

图 5-11　人工管理区土壤速效钾变化

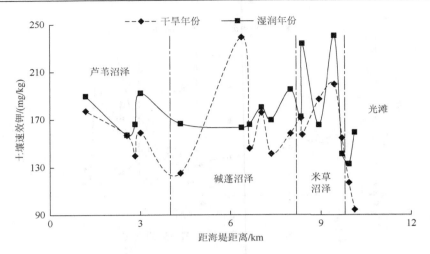

图 5-12　自然条件区土壤速效钾变化

5.3　海滨湿地土壤性状的干湿差异

5.3.1　海滨湿地土壤水分的干湿差异

　　大气降水是海滨湿地土壤水分的来源之一，降水量的差异致使土壤水分发生变化。通过单因素方差（ANOVA）分析（显著性水平 $\alpha = 0.05$），得出：盐城海滨湿地土壤水分在干旱年份和湿润年份存在着明显的差异性，总体上湿润年份土壤水分大于干旱年份土壤水分；湿润年份土壤平均水分为 43.169%；干旱年份土壤平均水分为 41.791%。从图 5-1、图 5-2 和表 5-2～表 5-5 可以看出，人工管理区，在干旱年份，芦苇沼泽、碱蓬沼泽和米草沼泽土壤水分平均含量分别为 38.834%、41.053% 和 46.965%；在湿润年份，各个景观类型水分含量均略有增加，芦苇沼泽、碱蓬沼泽和米草沼泽土壤水分分别增加至 39.002%、43.496% 和 47.681%，分别增加了 0.433%、5.951% 和 1.525%。自然条件区，在干旱年份，芦苇沼泽、碱蓬沼泽和米草沼泽土壤水分平均含量分别为 36.786%、40.703% 和 44.159%；在湿润年份，芦苇沼泽和米草沼泽土壤水分略有增加，分别增加至 38.848% 和 46.034%，增加了 5.605% 和 4.246%，碱蓬沼泽的土壤水分略有减少，减少至 40.417%，减少了 0.703%。主要是降水的增加，导致土壤水分含量增加。

表 5-2　干旱年份人工管理区不同景观类型的土壤理化性质平均状况

景观类型	水分/%	盐度/%	有机质/%	氨氮/(mg/kg)	有效磷/(mg/kg)	速效钾/(mg/kg)
芦苇沼泽	38.834[b]±1.645	0.388[b]±0.167	1.179[a]±0.442	11.867[a]±2.918	11.611[ab]±1.335	135.114[a]±9.704

续表

景观类型	水分/%	盐度/%	有机质/%	氨氮/(mg/kg)	有效磷/(mg/kg)	速效钾/(mg/kg)
碱蓬沼泽	$41.053^b±4.469$	$0.707^b±0.192$	$0.817^a±0.090$	$10.341^a±6.976$	$8.385^b±1.936$	$126.892^a±19.250$
米草沼泽	$46.965^a±2.103$	$1.756^a±0.853$	$1.248^a±0.551$	$17.394^a±9.288$	$21.973^a±2.675$	$180.510^a±17.158$

注：a，b 表示各景观带土壤生态要素平均值最小显著性差异（LSD）检验结果，下同。

表 5-3　湿润年份人工管理区不同景观类型的土壤理化性质平均状况

景观类型	水分/%	盐度/%	有机质/%	氨氮/(mg/kg)	有效磷/(mg/kg)	速效钾/(mg/kg)
芦苇沼泽	$39.002^b±1.977$	$0.283^b±0.055$	$1.529^a±0.565$	$13.821^b±8.305$	$9.500^b±1.567$	$164.685^c±13.960$
碱蓬沼泽	$43.496^{ab}±2.476$	$0.453^b±0.331$	$1.016^a±0.293$	$12.551^b±5.462$	$7.775^{ab}±1.723$	$156.443^b±21.406$
米草沼泽	$47.681^a±8.358$	$1.192^a±0.281$	$1.725^a±0.898$	$25.996^a±6.712$	$12.630^a±7.954$	$194.366^a±32.887$

表 5-4　干旱年份自然条件区不同景观类型的土壤理化性质平均状况

景观类型	水分/%	盐度/%	有机质/%	氨氮/(mg/kg)	有效磷/(mg/kg)	速效钾/(mg/kg)
芦苇沼泽	$36.786^b±0.147$	$0.433^b±0.254$	$1.103^a±0.181$	$8.731^a±1.635$	$12.690^b±1.972$	$158.216^b±15.350$
碱蓬沼泽	$40.703^a±2.135$	$0.927^{ab}±0.380$	$0.851^{ab}±0.138$	$7.635^a±2.859$	$9.939^{ab}±4.717$	$164.234^a±40.343$
米草沼泽	$44.159^a±8.163$	$1.342^a±0.669$	$1.138^a±0.456$	$12.419^a±6.287$	$17.904^a±12.021$	$173.891^a±19.280$
光滩	$42.785^{ab}±1.202$	$1.057^{ab}±0.018$	$0.399^b±0.048$	$5.943^a±3.441$	$5.060^{ab}±0.524$	$105.807^b±16.195$

表 5-5　湿润年份自然条件区不同景观类型的土壤理化性质平均状况

景观类型	水分/%	盐度/%	有机质/%	氨氮/(mg/kg)	有效磷/(mg/kg)	速效钾/(mg/kg)
芦苇沼泽	$38.848^b±1.573$	$0.379^b±0.109$	$1.554^{ab}±0.762$	$9.398^{ab}±8.859$	$10.480^b±0.914$	$176.327^b±17.393$
碱蓬沼泽	$40.417^b±3.206$	$0.628^a±0.212$	$1.047^b±0.147$	$8.744^b±4.840$	$8.284^{ab}±2.028$	$173.438^{ab}±20.156$
米草沼泽	$46.034^a±5.230$	$0.866^a±0.524$	$1.854^a±1.086$	$17.245^a±9.096$	$15.429^a±8.526$	$190.555^a±43.883$
光滩	$48.493^a±4.444$	$0.823^a±0.103$	$0.596^b±0.069$	$1.131^b±0.595$	$6.348^b±1.711$	$146.086^{ab}±18.621$

5.3.2　海滨湿地土壤盐度的干湿差异

干旱年份和湿润年份土壤水分的差异，引起了土壤盐度的差异。通过单因素方差（ANOVA）分析，盐城海滨湿地土壤盐度在干旱年份和湿润年份存在着明显的差异性，土壤盐度变化与土壤水分呈相反的结果，湿润年份土壤盐度要低于干旱年份，湿润年份土壤平均盐度为0.647%，干旱年份土壤平均盐度为0.929%。从图5-3、图5-4和表5-2～表5-5，可以看出，人工管理区，在干旱年份，芦苇沼泽、碱蓬沼泽和米草沼泽土壤盐度平均含量分别为0.388%、0.707%和1.756%；在湿润年份，各种景观类型盐度则呈现减少特征，芦苇沼泽、碱蓬沼泽和米草沼泽土壤盐度分别减少到0.283%、0.453%和1.192%，分别减少了27.062、35.926%和32.118%。自然条件区，在干旱年份，芦苇沼泽、碱蓬沼泽和米草沼泽土壤盐度平均含量分别为0.433%、0.927%和1.342%；在湿润年份，各种景观类型盐度呈现减少的特征，芦苇沼泽、碱蓬沼泽和米草沼泽土壤盐度分别减少至0.379%、0.628%和0.866%，分别减少了12.471%、32.255%和35.469%。主要由于降水的增加，土壤淡水含量增加，引起盐度下降；另外，降水增加，土壤淋溶作用增强，致使土壤中的部分可溶性盐类会随着降水而溶解并往土壤下部沉淀，甚至到不透水层，使土壤盐度下降。

5.3.3　海滨湿地土壤有机质的干湿差异

土壤水分条件的差异是影响土壤有机质转化的重要因素。通过单因素方差（ANOVA）分析，盐城海滨湿地土壤有机质在干旱年份和湿润年份间存在着明显的差异性，总体上湿润年份土壤有机质含量要大于干旱年份，湿润年份土壤有机质平均含量为1.287%，干旱年份土壤有机质平均含量为0.951%。从图5-5和图5-6、表5-2～表5-5，可以看出，无论在人工管理区还是在自然条件区，湿润年份各景观类型的土壤有机质平均含量均高于干旱年份。主要原因在于：一是湿润年份的土壤采集是在2012年，而干旱年份土壤采集是2011年，前后相差一年，客观上存在着时间的积累，潮滩植被定居时间的长短是制约土壤有机质积累的一个重要因素，随着植被定居时间的增加，植被发育越成熟，地上、地下生物量也不断增加，植物地下根系不断新陈代谢和地上枯枝落叶形成的腐殖质不断向土壤中淋溶，增加了土壤有机质的含量。二是降水的增加，导致滩面积水时间增加，引起土壤通气不良，潮湿、低温的还原条件有利于泥炭物质在土壤表层堆积，增加了土壤有机质的含量。

5.3.4　海滨湿地土壤营养盐的干湿差异

土壤水分既是土壤的营养因素，同时也是影响土壤物理、化学和生物过程的重要环境因素，土壤水分差异对土壤营养盐含量有着重要影响。单因素方差

（ANOVA）分析显示：除土壤氨氮外，盐城海滨湿地土壤营养盐在干旱年份和湿润年份存在着明显的差异性。但是，不同的景观带土壤营养盐在干旱年份和湿润年份表现不同。总体上，湿润年份土壤氨氮、土壤速效钾含量要大于干旱年份，土壤有效磷含量要小于干旱年份。湿润年份土壤氨氮、有效磷和速效钾平均含量为 12.176mg/kg、10.038mg/kg、171.689mg/kg；干旱年份土壤氨氮、有效磷和速效钾平均含量为 10.254mg/kg、12.202mg/kg、150.017mg/kg。从图 5-7～图 5-12 和表 5-2～表 5-5 可以看出，人工管理区，芦苇沼泽、碱蓬沼泽、米草沼泽的土壤氨氮和速效钾的平均含量在湿润年份值都要大于干旱年份值；相反，芦苇沼泽、碱蓬沼泽和米草沼泽土壤有效磷的平均含量在湿润年份值要低于干旱年份值。自然条件区，除光滩外，芦苇沼泽、碱蓬沼泽和米草沼泽土壤氨氮的平均含量在湿润年份值要大于干旱年份值，土壤有效磷的平均含量在湿润年份值要低于干旱年份值，各景观类型土壤速效钾的平均含量在湿润年份值要大于干旱年份值。海滨湿地土壤营养盐的干湿差异跟降水密切相关。随着降水的增加，地下水位升高，甚至部分地表存在积水，枯枝落叶以未分解、半分解状态积累于地表，增加了泥炭层，在微生物作用下发生分解，大量的营养物质被分解出来，在降水的淋溶作用下，矿物质随着水流由地表或土壤上部土层向下部土层移动，增加了土壤中营养物质含量，但磷含量却随着降水量的增加而降低。

5.4　海滨湿地土壤基本性状与景观格局的 CCA 关系

在景观格局与土壤基本性状的关系研究中，由于海滨湿地景观类型属于类型变量，需要进行合理的赋值才能纳入定量分析中（杨艳丽等，2008）。因此，在本书研究中将海滨湿地中芦苇沼泽、碱蓬沼泽、米草沼泽和光滩 4 个类型变量，通过设置虚拟变量，分别进行 0、1 赋值，转变为典范对应分析（CCA）中的物种变量或样本变量。

5.4.1　干旱年份人工管理区海滨湿地土壤性状与景观类型的 CCA 排序

从 CCA 排序结果中可以看出：干旱年份人工管理区景观类型与土壤理化性质的 CCA 排序和采样点与土壤理化性质的排序图（图 5-13），有着高度的一致性。干旱年份，人工管理区景观类型与土壤理化性质的 CCA 排序结果显示：土壤理化性质与景观类型对应分析的特征值总和为 0.3258，第一主轴的特征值为 0.1736，占总特征值的 53.284%，第二主轴特征值为 0.0563，占总特征值的 17.281%。第一、第二排序轴能够累积解释主成分与湿地景观格局关系的 70.565%，能够反映土壤性质与景观类型的关系。在图 5-13（a）上，作景观类型与各土壤生态要素的垂线，与各生态要素的垂点到箭头的长短，反映了该生态要素与景观类型的相关性大小。与土壤水分和盐度相关性最大的是米草沼泽，其次是碱蓬沼泽、芦苇沼泽。与土壤有机质相关性最大的是芦苇沼泽，其次为米草沼泽和碱蓬沼泽。与土壤营养盐相关性最大的是米草沼泽，其次是碱蓬沼泽和芦苇沼泽。通过 CCA 排序，可以看出人工管理区，盐城海滨湿地景观在排序轴的分布与实际景观格局具有一致性，从海洋到陆地，米草沼泽、碱蓬沼泽和芦苇沼泽呈逆时针排列在 3 个象限上，在排序轴上不同的位置具有不同的土壤理化性质组合特征。米草沼泽位于第Ⅳ象限，与土壤水分和盐度成正相关，与土壤营养盐成正相关，与土壤有机质成零相关，说明米草沼泽土壤具有高盐度、高水分和高营养盐的特征。芦苇沼泽位于第Ⅲ象限，与土壤水分和盐度成负相关，与土壤有机质成正相关，与土壤营养盐成负相关，说明芦苇沼泽土壤具有低盐度、低水分、高有机质和低营养盐的特征。碱蓬沼泽位于第Ⅱ象限，与土壤水分、盐度、营养盐、有机质成负相关，介于米草沼泽和芦苇沼泽之间。

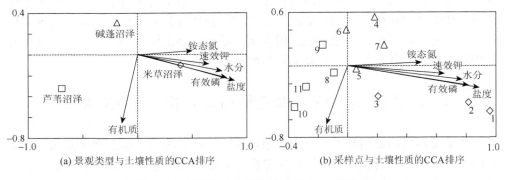

(a) 景观类型与土壤性质的 CCA 排序　　　　(b) 采样点与土壤性质的 CCA 排序

图 5-13　干旱年份人工管理区的 CCA 排序图

5.4.2　干旱年份自然条件区海滨湿地土壤性状与景观类型的 CCA 排序

干旱年份，自然条件区景观类型与土壤理化性质的 CCA 排序结果显示：土壤理化性质与景观类型对应分析的特征值总和为 0.6164，第一主轴的特征值为 0.295，占总特征值的 47.859%，第二主轴特征值为 0.096，占总特征值的 15.574%。第一、第二排序轴能够累积解释主成分与湿地景观格局关系的 63.433%，能够反映土壤性质与景观类型的关系。在图 5-14（a）上，作景观类型与各土壤生态要素的垂线，得出：与土壤水分和盐度相关性最大的是米草沼泽，其次是碱蓬沼泽、光滩和芦苇沼泽；与土壤有机质相关性最大的是芦苇沼泽，其次为米草沼泽、碱蓬沼泽和光滩；与土壤营养盐相关性最大的是米草沼泽，其次是碱蓬沼泽、芦苇沼泽和光滩。通过 CCA 排序，可以看出自然条件区，盐城海滨湿地景观分布在排序轴四个不同的象限。米草沼泽位于第Ⅳ象限上部，土壤具有高盐度、高水分和高营养盐的特征。芦苇沼泽位于第Ⅲ象限，与米草沼泽相反，土壤具有低盐度、低水分和低营养盐的特征。碱蓬沼泽位于第Ⅰ象限下部，土壤水分、盐度和营养盐介于米草沼泽和芦苇沼泽之间。光滩位于第Ⅱ象限。

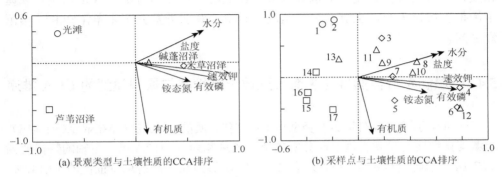

图 5-14　干旱年份自然条件区的 CCA 排序图

5.4.3　湿润年份人工管理区海滨湿地土壤性状与景观类型的 CCA 排序

湿润年份，人工管理区景观类型与土壤理化性质的 CCA 排序结果（图 5-15）显示：土壤理化性质与景观类型对应分析的特征值总和为 0.2896，第一主轴的特征值为 0.1455，占总特征值的 50.242%，第二主轴特征值为 0.0563，占总特征值的 19.441%。第一、第二排序轴能够累积解释主成分与湿地景观格局关系的 69.683%，能够反映土壤性质与景观类型的关系。在图 5-15（a）上，作景观类型与各土壤生态要素的垂线，得出：与土壤水分和盐度相关性最大的是米草沼泽，其次是碱蓬沼泽和芦苇沼泽；与土壤有机质相关性最大的是芦苇沼泽，其次为米

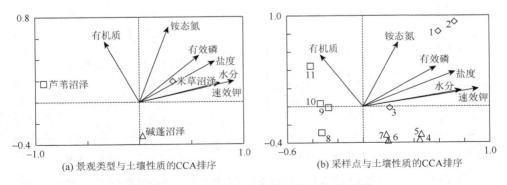

图 5-15　湿润年份人工管理区的 CCA 排序图

草沼泽和碱蓬沼泽；与土壤营养盐相关性最大的是米草沼泽，其次是碱蓬沼泽和芦苇沼泽。通过 CCA 排序，可以看出人工管理区，盐城海滨湿地景观从海洋到陆地呈逆时针排列在 3 个象限上。米草沼泽位于第Ⅰ象限，土壤具有高盐度、高水分和高营养盐的特征，与有机质成负相关。芦苇沼泽位于第Ⅱ象限，与米草沼泽相反，土壤具有低盐度、低水分和低营养盐的特征，与有机质成正相关。碱蓬沼泽位于第Ⅳ象限，土壤水分、盐度、有机质和营养盐介于米草沼泽和芦苇沼泽之间。

5.4.4　湿润年份自然条件区海滨湿地土壤性状与景观类型的 CCA 排序

　　湿润年份，自然条件区景观类型与土壤理化性质的CCA排序结果显示（图5-16）：土壤理化性质与景观类型对应分析的特征值总和为 0.6417，第一主轴的特征值为0.2776，占总特征值的43.260%，第二主轴特征值为 0.110，占总特征值的 17.142%。第一、第二排序轴能够累积解释主成分与湿地景观格局关系的 60.402%，能够反映土壤性质与景观类型的关系。在图 5-16（a）上，作景观类型与各土壤生态要素的垂线，得出：与土壤水分和盐度相关性最大的是米草沼泽，其次是碱蓬沼泽、光滩和芦苇沼泽；与土壤有机质相关性光滩最小，芦苇沼泽、米草沼泽和碱蓬沼泽基本相似；与土壤营养盐相关性最大的是米草沼泽，其次是碱蓬沼泽、芦苇沼泽和光滩。通过 CCA 排序，可以看出自然条件区，盐城海滨湿地景观从海洋到陆地呈逆时针排列在 4 个象限上。米草沼泽位于第Ⅰ象限，土壤具有高盐度、高水分和高营养盐的特征，与有机质成正相关。芦苇沼泽位于第Ⅲ象限，与米草沼泽相反，土壤具有低盐度、低水分和低营养盐的特征，与有机质成正相关。碱蓬沼泽位于第Ⅲ和Ⅳ象限过渡带，土壤水分、盐度和营养盐介于米草沼泽和芦苇沼泽之间，与有机质也成正相关。光滩位于第Ⅱ象限。

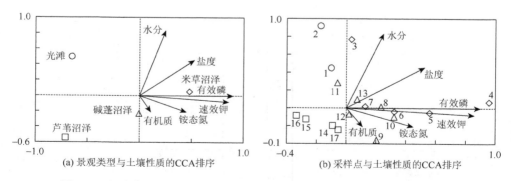

图 5-16　湿润年份自然条件控制区土壤理化性质与景观类型的 CCA 排序图

通过比较分析干旱和湿润年份，人工管理和自然条件两种模式下，海滨湿地土壤生态要素与景观类型的 CCA 排序结果，可以得出：海滨湿地土壤性状与景观格局在时空上存在着有序关系。

5.5　海滨湿地景观演变与土壤要素的耦合分析

在盐城自然保护区中路港南侧每个景观带的上、下边缘和中部各设置一个样地，共 15 个样地，即米草沼泽（样地 1，2，3）、米草碱蓬交错带（样地 4，5，6）、碱蓬沼泽（样地 7，8，9）、芦苇碱蓬交错带（样地 10，11，12）、芦苇沼泽（样地 13，14，15）。分别测量各个点土壤的水分、盐度、氨氮、有机质、有效磷、速效钾。方法同 3.2.2 节土壤样品处理。

5.5.1　不同景观类型的土壤理化性质

从表 5-6 中可以看出，土壤水分和盐度基本呈现从陆地向海洋递增的趋势，在缺少淡水补给的情况下，土壤水分和盐度主要来源是海水，受潮侵的影响，从陆地向海洋，随着高程的降低，潮侵频率逐渐升高，水分和盐度也会相应地增加。土壤养分和有机质含量都是米草沼泽最高，碱蓬沼泽或芦苇碱蓬交错带最低。互花米草引种后，滩面不断淤高，大量有机质和营养盐累积；同时互花米草繁殖速度快，生长时间越长的互花米草植株体内的 N、P 含量越高，对土壤有机质及营养盐的贡献越大；互花米草生物量大，在非生长季，凋落物分解后大量的营养元素归还土壤，进一步增加了土壤中养分的累积；另外，米草沼泽最容易受到海水的影响，吸收了大量海水中的 P。碱蓬沼泽植被比米草和芦苇低，生物量小，对营养元素的吸收和积累作用较弱。通过变异系数计算，在土壤理化性质中，有效磷的空间变异最大，达到了 64.11%，而速效钾的变异最小，变异系数为21.59%。

表 5-6　盐城自然保护区不同景观类型的土壤理化性质平均状况

样带	水分/%	盐度/%	氨氮/(mg/kg)	有效磷/(mg/kg)	速效钾/(mg/kg)	有机质/%
米草沼泽	45.527	1.739	16.097	24.116	181.262	1.402
米草碱蓬交错带	37.388	1.049	8.588	13.339	166.809	1.094
碱蓬沼泽	39.480	1.357	6.462	7.599	144.284	0.823
芦苇碱蓬交错带	37.010	0.597	8.731	7.380	108.932	0.861
芦苇沼泽	36.820	0.347	7.978	7.927	112.937	1.170

5.5.2 土壤性质的主成分分析

先对所测的土壤各理化性质指标进行标准化处理，然后进行主成分分析（PCA），所得结果见表 5-7。前三个主成分的贡献率分别为 63.8711%（P_1）、16.3328%（P_2）和 10.5995%（P_3），累计贡献率达到了 90.8035%。具体如下：

$$P_1 = 0.4007K + 0.3921S + 0.3743O + 0.4356N + 0.4554P + 0.3852W$$

$$P_2 = 0.5704K + 0.5786S - 0.2765O - 0.1774N - 0.2603P - 0.4053W$$

$$P_3 = 0.0779K - 0.1392S + 0.7548O - 0.1903N + 0.1168P - 0.5958W$$

表 5-7 土壤过程的主成分载荷

过程变量	P_1	P_2	P_3	P_4	P_5	P_6
速效钾（K）	0.4007	0.5704	0.0779	−0.0288	−0.5570	0.4438
盐度（S）	0.3921	0.5786	−0.1392	0.1538	0.6252	−0.2785
有机质（O）	0.3743	−0.2765	0.7548	−0.0555	0.3401	0.3082
氨氮（N）	0.4356	−0.1774	−0.1903	−0.8104	−0.0779	−0.2824
有效磷（P）	0.4554	−0.2603	0.1168	0.5044	−0.3890	−0.5527
水分（W）	0.3852	−0.4053	−0.5958	0.2476	0.1605	0.4953

通过上面的各主成分的构成和各生态要素的贡献率可以看出，在 P_1 的构成上，N、P、K 等营养元素的贡献率相近，而水分、盐度和有机质的贡献率相对较小，所以可以将 P_1 理解为土壤养分决定的变量，看作是土壤养分的代表；在 P_2 的构成上，盐度的贡献率明显大于除速效钾外的其他土壤过程要素的贡献率，因此可以将 P_2 理解为盐度决定的变量，是土壤盐度的代表；在 P_3 的构成上，有机质和水分的贡献率明显较大，可以将 P_3 看作是土壤有机质和水分的代表，但是有机质和水分的贡献率方向是相反的。

5.5.3 基于 CCA 的土壤性质与景观类型的关系

根据主成分与景观类型的 CCA 排序结果显示，主成分与景观格局对应分析的特征值总和为 2.659，第一主轴的特征值为 0.833，占总特征值的 31.328%，第二主轴特征值为 0.678，占总特征值的 25.498%。第一、第二排序轴能够累积解释主成分与湿地景观格局关系的 56.826%。主成分与景观类型的 CCA 排序图（图 5-17）和采样点与土壤理化性质的排序图（5.4 节的内容），有着高度的一致性，主成分能够反映土壤性质与景观类型的关系。在图 5-17 上，作景观类型与主成分的垂线，主成分的交点到箭头的长短,反映了该主成分对景观类型的相关性大小。代表养分的 P_1 与米草沼泽的相关性最大,其次为米草碱蓬交错带、碱蓬沼泽、芦苇沼泽、芦苇碱蓬交错带;代表盐度的 P_2 与碱蓬沼泽的相关性最大,其次为米草碱蓬交错带、米草沼泽、芦苇碱蓬交错带、芦苇沼泽;代表水分和有机质的 P_3 与芦苇沼泽相关性最大,其次为米草沼泽、芦苇碱蓬交错带、米草碱蓬交错带、碱蓬沼泽。通过 CCA 排序,可以看出盐城海滨湿地景观在排序轴的分布与实际景观格局具有一致性,从陆地到海洋,呈逆时针排列,5 类景观位于 3 个象限,在排序轴上不同的位置具有不同的土壤理化性质组合特征。第Ⅱ象限主要为芦苇沼泽及芦苇碱蓬交错带,芦苇带位于该区域上部,与 P_3 呈正相关,与 P_1、P_2 呈负相关,说明芦苇沼泽下土壤具有低盐度、低水分和有机质含量高的特征。芦苇碱蓬交错带位于区域下部,与 P_1、P_2、P_3 呈负相关。第Ⅲ象限主要为碱蓬沼泽,与 P_2 呈正相关,与 P_1 接近零相关,与 P_3 呈负相关,说明盐度是碱蓬沼泽发育的关键因子。第Ⅳ象限为米草沼泽和米草碱蓬交错带,米草沼泽与 P_1、P_3 呈正相关,与 P_2 呈零相关,可以反映米草沼泽受盐度影响很弱,对盐度具有较高的生态幅,无论在咸水区还是在淡水区都能够发育,同时也反映了米草沼泽发育的情况下,土壤具有较高的水分、有机质和养分。米草碱蓬交错带,由于碱蓬的存在,所以与代表盐度的 P_2 呈正相关。通过土壤过程与景观类型的 CCA 排序比较可以得出,三个主成分与景观格局的排序结果可以反映土壤生态过程与景观格局在时空上存在着有序关系。

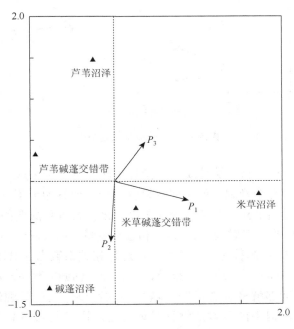

图 5-17　主成分与景观类型的 CCA 排序

5.5.4 土壤过程与景观演变的耦合关系

景观演变是一个较长时间尺度的过程，在缺乏长期、连续的监测数据情况下，空间替代时间的方法是常用的方法，该方法可以克服时间尺度的限制，能够解释景观演变的驱动因素。以样点与海堤的空间垂直距离反映景观演变的时间顺序；将任一个样点上的土壤理化性质的监测结果理解为某个时间上的土壤状态；将任一个样点所处的景观类型看作是演变序列中的某一时刻的景观状态。

通过主成分分析，计算每个样点在第一、第二、第三主成分上的得分 F_1、F_2、F_3。取各景观类型主成分的平均值，作各主分量沿着由陆到海的方向的变化趋势图（图 5-18），由陆到海方向上，F_1 和 F_3 都是先减小后增加，F_2 是先增加后减小。根据各主成分的贡献率，计算综合主成分得分。

$$\sum F = 0.6387F_1 + 0.1633F_2 + 0.1060F_3 \tag{5-1}$$

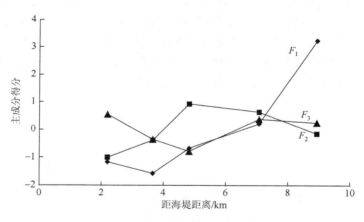

图 5-18　主成分变化趋势图

通过主成分分析，将土壤性质六个指标值转变为三个主成分，计算主成分综合得分（表 5-8）。每个样地上的主成分综合得分，理解为土壤生态过程中某一时刻的状态变量。而每个样地距离海堤的距离用来代替景观演变的不同时间阶段，建立相应的时间序列。对时间序列（y）和过程变量（x）进行一元线性回归分析，结果显示（图 5-19）：演替时间序列与土壤过程相关系数为 0.8112，$R^2 = 0.6580$。在显著性水平 $\alpha = 0.05$ 下，通过 F 检验，一元线性回归方程 $y = 1.582x + 5.332$ 是显著的。该方程能够解释或者证明土壤生态过程整体上与景观演变之间存在着这样的线性关系，但不能有效地解释具体的生态因子与对应景观演变序列之间的关系。

表 5-8　海滨湿地土壤过程主成分得分

样地	F_1	F_2	F_3	$\sum F$
1	5.2038	0.1031	−0.2741	3.311449
2	0.7143	1.1063	0.9260	0.735038
3	3.7420	−1.6893	0.0631	2.120841
4	0.0696	1.3512	0.5083	0.318984
5	0.8514	0.2614	−0.9081	0.490217
6	−0.3093	0.2823	1.5064	0.008228
7	−0.7505	1.7311	−0.0984	−0.20709
8	−0.1795	1.1849	−0.6942	0.005262
9	−1.1161	−0.1422	−1.5756	−0.90309
10	−1.8433	−0.9529	−0.3698	−1.37212
11	−1.0868	−0.1900	−0.6315	−0.79211
12	−1.7906	−0.0398	−0.0980	−1.16054
13	−1.9025	−1.2505	0.9284	−1.32092
14	−1.3192	−1.1662	−0.1944	−1.05362
15	−0.2832	−0.5893	0.9121	−0.18043

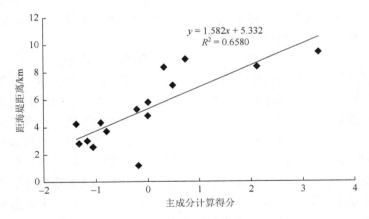

图 5-19　主成分综合得分与时间序列相关分析

　　基于上述耦合结果，以三个主成分为过程变量，对过程变量和海缤湿地景观整个时间序列（y_1）进行多元回归分析［式（5-2）］，结果显示：时间序列与过程变量相关系数为 0.8458，$R^2 = 0.7154$。在显著性水平 $\alpha = 0.05$ 下，通过 F 检验，多元回归方程［式（5-2）］是显著的。通过方程，可以得出土壤过程与三个主成分在海滨湿地景观整体演变中，所有环境因子与景观演变呈正相关，环境因子对景观演变具有正效应。这一结论与上述的 CCA 排序分析是存在矛盾的，问题存在于两个方面：一是不能正确地解释环境变量与景观演变的关系；二是没有将海滨湿地实际的演变序列考虑在内，无法区别其演变方向。所以下面从碱蓬沼泽—米草碱蓬交错带—米草沼泽与碱蓬沼泽—芦苇碱蓬交错带—芦苇沼泽两个演变序列建立其与土壤生态过程耦合关系。

$$y_1 = 5.3274 + 0.9965P_1 + 0.8814P_2 + 0.1414P_3 \qquad (5\text{-}2)$$

对碱蓬沼泽—米草碱蓬交错带—米草沼泽演变序列（y_2）与三个主成分进行多元回归分析［式（5-3）］，结果显示：时间序列与过程变量相关系数为 0.8592，$R^2 = 0.7382$。在显著性水平 $\alpha = 0.05$ 下，通过 F 检验，多元回归方程［式（5-3）］是显著的。在这一演变序列中，所有三个主成分与景观演变呈正相关，环境因子对景观演变同样具有正效应，即从碱蓬沼泽向米草沼泽演变过程中，随着 y_2 的值逐渐增大，P_1、P_2、P_3 是逐渐增加的。

$$y_2 = 6.0278 + 0.7936P_1 + 0.4929P_2 + 0.7295P_3 \qquad (5\text{-}3)$$

对碱蓬沼泽—芦苇碱蓬交错带—芦苇沼泽演变序列（y_3）与三个主成分进行多元回归分析［式（5-4）］，结果显示：时间序列与过程变量相关系数为 0.8928，$R^2 = 0.7971$。在显著性水平 $\alpha = 0.05$ 下，通过 F 检验，多元回归方程［式（5-4）］是显著的。在这一演变序列中，P_1（养分因子）、P_3（有机质与水分因子）与景观演变呈负相关，对景观演变具有负效应；P_2（盐度）对景观演变具有正效应，即从碱蓬向芦苇演变过程中，随着 y_3 的值逐渐变小，P_1、P_3 是在增加的，而 P_2 是降低的，这与实际情况相符合。

$$y_3 = 2.5530 - 0.8745P_1 + 1.0207P_2 - 0.7099P_3 \qquad (5\text{-}4)$$

由碱蓬沼泽—米草碱蓬交错带—米草沼泽演变序列可以看出，土壤生态过程与景观演变呈正相关。互花米草引种之后，由于互花米草极强的淤高能力，有效地阻挡了海水的入侵，海水很难淹没过米草沼泽到达碱蓬沼泽，米草沼泽向碱蓬沼泽下边缘的扩张主要是沿着潮沟方向入侵。米草一旦入侵，其超强的扩张能力和双重繁殖方式，使之在与碱蓬的种群竞争中处于优势，结果是米草沼泽不断扩大。一方面，互花米草具有很强的淤积能力，根据对互花米草沼泽下边缘的实地监测，发现互花米草沼泽淤高已达到了 1.5m，在淤积过程中，大量的有机质和营养物质逐渐积累；另一方面，互花米草本身具有生物量大的特点，对土壤有机质及营养物质的积累作用比较强。所以随着互花米草的扩张，引起新扩张地的有机质、养分、水分、盐度不断增加，导致盐地碱蓬生境的改变，引起碱蓬沼泽的萎缩。所以这个演替序列本质上就是米草不断扩张的过程。

对碱蓬沼泽—芦苇碱蓬交错带—芦苇沼泽演变序列中，通过方程得出 P_1（养分因子）、P_3（有机质与水分因子）与景观演变呈负相关，P_2（盐度）对景观演变具有正效应。也就是随着距海堤距离的增加，P_1 和 P_3 是在减小的，而 P_2 是在增加的。海水是海滨湿地土壤水分的主要来源，从陆地向海洋，随着地势的降低，地下潜水位逐渐升高，土壤水分随之升高。芦苇沼泽位于潮上带，地势最高，地下潜水位最深，所以其土壤水分含量最低。但是，芦苇生物量大，对有机质及营养物质的积累作用比碱蓬强，在这个演替序列中是逐渐增加的。随着受海水影响程度的增加，盐度从芦苇沼泽向碱蓬沼泽逐渐增加。在这一演替序列中，首先是碱蓬沼泽上部高程增加，水分、盐度条件改变，开始适合淡水植物芦苇生长，随着滩面的淤高，芦苇不断向海洋方向扩张，引起土壤有机质、养分增加，水分和盐度降低，芦苇沼泽向海扩张，碱蓬沼泽开始萎缩。所以，碱蓬沼泽—芦苇碱蓬交错带—芦苇沼泽演变序列就是芦苇扩张的过程。

综上分析，可以看出，水分、盐度、有机质及 N、P、K 等土壤生态要素在空间上的梯度变化，是景观格局变化的重要动力，而景观格局变化进一步引起土壤生态过程的改变，过程的改变致使景观再次发生演变。盐城海滨湿地景观演变就是在这种格局与过程相互作用下，芦苇沼泽与米草沼泽不断扩张，碱蓬沼泽不断萎缩的过程。

5.6　影响海滨湿地景观演变的土壤关键生态要素

土壤性状及其演变是影响海滨湿地景观演变最为重要的因素。由于表征土壤性状的生态要素很多，为了简化模型构建难度，必须在诸多土壤影响要素中筛选关键影响因子。本书中采用灰色关联分析法确定海滨湿地景观演变关键影响因子。影响海滨湿地景观演变的因素有很多，有的因素可以通过监测或者实验分析获得，有的数据难以监测；有的影响因素是已知的，有的影响因素是未知的、还没有被认识的，因而将海滨湿地生态系统理解为一个灰色系统。

5.6.1　灰色关联分析

灰色系统自邓聚龙教授 1982 年创立以来，国内外众多的学者对其展开了研究。而灰色关联分析是灰色系统理论的基石。地理系统中，很多因素之间的关系是灰色的，并不清楚哪些是主导因素，哪些是非主导因素；哪些因素之间关系密切，哪些不密切。灰色关联分析是解决这些问题的行之有效的方法。另外，灰色关联分析不需要太多的数据，具有出色的贫信息处理能力；灰色关联分析是一个灰色动态过程，可分析要素间时间序列的相对变化，综合考虑诸多因子间的关联程度，是一种动态的分析。灰色关联分析，从其思想方法上看，属于几何处理的范畴，是通过对各因素之间的关联曲线的比较而得到的（徐建华，2002）。

设 x_1，x_2，x_3，$\cdots$，x_n 为 n 个要素，反映各要素变化特征的数据列分别为 $x_i =$ $\{[\,x_1(t)\,]$，$[\,x_2(t)\,]$，$[\,x_3(t)\,]$，$\cdots$，$[\,x_n(t)\,]\}$，$t=1,2,3,\cdots,m$；设 $x_j(t)$ 为参考序列。则相关系数为

$$\xi_{ij}(t)=\frac{\Delta_{\min}+k\Delta_{\max}}{\Delta_{ij}(t)+k\Delta_{\max}}\ (t=1,2,3,\cdots,m)\qquad（5\text{-}5）$$

式中，$\Delta_{ij}(t)=\left|x_i(t)-x_j(t)\right|$ 为序列 x_i 与 x_j 在时刻 t 差的绝对值；$\Delta_{\max}=\max\limits_{j}\max\limits_{i}\Delta_{ij}(t)$、$\Delta_{\min}=\min\limits_{j}\min\limits_{i}\Delta_{ij}(t)$ 为各时刻子因素序列对母因素序列差的绝对值的最大、最小值；k 为分辨系数，一般取 $k=0.5$。然后计算关联度 r_{ij}。运用 $r_{ij}=\dfrac{1}{n}\times\sum\limits_{i=1}^{n}\xi_{ij}(k)$ 计算出关联度为

$$r_{ij}=\frac{1}{n}\sum_{t=1}^{n}\xi_{ij}(t)\ (i=1,2,3,\cdots,m)\qquad（5\text{-}6）$$

5.6.2　确定影响景观演变的关键生态要素

景观演变是一个较长时间尺度的过程，在缺乏长期、连续的监测数据情况下，空间替代时间的方法是常用的手段，该方法可以克服时间尺度的限制，能够揭示景观演变的驱动因素。具体的做法是：以样点与海堤的空间垂直距离反映景观演变的时间顺序；将任一个样点上的土壤基本性质的监测结果理解为某个时间点上的土壤状态；将任一个样点所处的景观类型看作是演变序列中的某一时刻的景观状态。

令 $x_1(t)$，$x_2(t)$，$x_3(t)$，$x_4(t)$，$x_5(t)$，$x_6(t)$ 分别为土壤水分、土壤盐度、土壤有机质、土壤氨氮、土壤有效磷和土壤速效钾序列；$x_j(t)$ 为景观演变序列。首先采用公式 $x'_{ij}=\dfrac{x_{ij}-\overline{x}_i}{s_i}$ 对原始数据进行标准化处理。其中 $\overline{x}_i=\dfrac{1}{m}\sum\limits_{j=1}^{m}x_{ij}$，为各序列的平均值；$s_i=\sqrt{\dfrac{1}{m}\sum\limits_{i=1}^{m}(x_{ij}-\overline{x}_i)^2}$，为各序列的标准差。经过标准差标准化处理的新序列，各序列的和为 0，标准差为 1。然后分别计算各要素序列对景观演变序列的关联系数和关联度。上述分析是基于 DPS v7.55 完成的。

表 5-9　干旱年份人工管理区关联度矩阵

关联度	水分	盐度	有机质	氨氮	有效磷	速效钾	时间
水分	1.000	0.785	0.593	0.602	0.666	0.702	0.660
盐度	0.805	1.000	0.619	0.620	0.717	0.708	0.704
有机质	0.673	0.675	1.000	0.727	0.733	0.769	0.627

关联度	水分	盐度	有机质	氨氮	有效磷	速效钾	时间
氨氮	0.625	0.615	0.667	1.000	0.661	0.635	0.670
有效磷	0.652	0.680	0.645	0.621	1.000	0.756	0.640
速效钾	0.726	0.709	0.723	0.634	0.791	1.000	0.640
时间	0.732	0.749	0.618	0.712	0.724	0.695	1.000

表 5-10　干旱年份自然条件区关联度矩阵

关联度	水分	盐度	有机质	氨氮	有效磷	速效钾	时间
水分	1.0000	0.7238	0.6403	0.6704	0.6624	0.6327	0.7577
盐度	0.7105	1.0000	0.6369	0.7449	0.7121	0.6842	0.7262
有机质	0.6383	0.6487	1.0000	0.77	0.7892	0.7326	0.6346
氨氮	0.6653	0.7517	0.7665	1.0000	0.7807	0.7571	0.6752
有效磷	0.6662	0.7274	0.7935	0.7884	1.0000	0.721	0.633
速效钾	0.64	0.7039	0.7414	0.769	0.7251	1.0000	0.6812
时间	0.7501	0.7312	0.6292	0.673	0.6214	0.6666	1.0000

表 5-11　湿润年份人工管理区关联度矩阵

关联度	水分	盐度	有机质	氨氮	有效磷	速效钾	时间
水分	1.000	0.768	0.637	0.701	0.636	0.641	0.661
盐度	0.748	1.000	0.620	0.646	0.681	0.659	0.700
有机质	0.681	0.683	1.000	0.764	0.707	0.675	0.623
氨氮	0.697	0.666	0.720	1.000	0.710	0.641	0.639
有效磷	0.671	0.730	0.700	0.743	1.000	0.761	0.647
速效钾	0.610	0.654	0.601	0.613	0.709	1.000	0.572
时间	0.677	0.738	0.595	0.658	0.625	0.626	1.000

表 5-12　湿润年份自然条件区关联度矩阵

关联度	水分	盐度	有机质	氨氮	有效磷	速效钾	时间
水分	1.000	0.759	0.738	0.743	0.690	0.741	0.689
盐度	0.652	1.000	0.689	0.735	0.610	0.685	0.582
有机质	0.716	0.763	1.000	0.824	0.809	0.825	0.607
氨氮	0.671	0.761	0.788	1.000	0.740	0.751	0.574
有效磷	0.629	0.665	0.789	0.758	1.000	0.708	0.609
速效钾	0.741	0.779	0.838	0.812	0.762	1.000	0.657
时间	0.665	0.677	0.609	0.641	0.650	0.632	1.000

表 5-13　各生态要素与景观演变关联度结果

时期	研究区	水分	盐度	有机质	氨氮	有效磷	速效钾
干旱年份	人工管理区	0.732	0.749	0.618	0.712	0.724	0.695
	自然条件区	0.750	0.731	0.629	0.673	0.621	0.667
湿润年份	人工管理区	0.677	0.738	0.595	0.658	0.625	0.626
	自然条件区	0.665	0.677	0.609	0.641	0.650	0.632

从表 5-9～表 5-13 中可以看出，干旱年份，在人工管理区，各土壤性状要素序列与景观演变序列关联度排序为盐度＞水分＞有效磷＞氨氮＞速效钾＞有机质；自然条件区，各土壤性状要素序列与景观演变序列关联度排序为水分＞盐度＞氨氮＞速效钾＞有机质＞有效磷。湿润年份，在人工管理区，各土壤性状要素序列与景观演变序列关联度排序为盐度＞水分＞氨氮＞速效钾＞有效磷＞有机质；自然条件区，各土壤性状要素序列与景观演变序列关联度排序为盐度＞水分＞有效磷＞氨氮＞速效钾＞有机质。综上分析表明，土壤基本性状与景观演变的关联度最大分别为土壤水分和土壤盐度。因此，把土壤水分和盐度确定为海滨湿地景观演变的关键生态因子，通过土壤水分和盐度的组合，可以揭示海滨湿地景观演变驱动机制。这一结果与实际的景观演变序列及前人的研究结果相符合。

进一步分析可以发现，在土壤性状要素中，与土壤水分关联度最大的总是土壤盐度；同时，在人工管理区与土壤盐度关联度最大的总是土壤水分。由此可以反映，海滨湿地土壤水分和盐度之间存在着紧密的相关性，它们之间相互影响，共同制约着海滨湿地景观演变。

5.7　小　　结

本章主要对海滨湿地土壤基本性状及其时空变化，以及土壤基本性状与海滨湿地景观格局的关系进行了阐述，并进一步确定了影响海滨湿地景观演变的关键因子，结果如下。

（1）海滨湿地土壤水分、土壤盐度、土壤有机质、土壤氨氮、土壤有效磷和土壤速效钾含量存在着中等程度的变异。从陆地向海洋方向，芦苇沼泽、碱蓬沼泽、米草沼泽土壤水分和盐度呈现递增的趋势；土壤有机质和土壤营养盐，从陆地向海洋方向呈现"S"形特征，即从芦苇沼泽、碱蓬沼泽、米草沼泽到光滩，呈现"高—低—高—低"的特征。在此基础上，分析了土壤性状指标的干湿差异：海滨湿地土壤水分、盐度和有机质干湿差异明显，湿润年份土壤水分、有机质大于干旱年份，土壤盐度湿润年份小于干旱年份；土壤营养盐除土壤氨氮外，都存在着明显的干湿差异性。总体上，湿润年份土壤氨氮、土壤速效钾含量要大于干旱年份，湿润年份土壤有效磷含量要小于干旱年份。

（2）CCA 排序结果表明：人工管理和自然条件两种驱动模式下，海滨湿地景观类型能够很好地响应土壤性状指标变化，海滨湿地土壤性状指标与景观格局在时空上存在着有序关系。运用线性统计的方法分析了海滨湿地不同演变序列土壤过程与景观格局的耦合关系。

（3）运用灰色关联分析及空间替代时间的方法，分析了各土壤性状指标序列与景观演变序列的关联度，结果表明：无论是干旱年份还是湿润年份，无论是人工管理区还是自然条件区，土壤基本性状序列与景观演变的关联度排在前两位的都是土壤水分和土壤盐度。同时，土壤水分和盐度之间存在着紧密的相关性。因此，确定土壤水分和盐度为海滨湿地景观演变的关键生态因子，将进一步通过土壤盐度和水分的组合揭示海滨湿地景观演变机制。

第6章 海滨湿地土壤关键要素空间分异及阈值影响

影响海滨湿地景观演变的生态要素很多，在辨识关键生态要素的基础上，需要进一步认识其空间分异特征与程度，确定影响不同景观类型演变的阈值范围，是科学认识海滨湿地景观生态过程及景观动态演变的重要内容，也是科学指导海滨湿地保护与合理利用的关键。本章利用地理学中的数学方法结合 GIS 技术研究海滨湿地关键生态要素的空间分异特征，并进一步辨识不同景观类型的生态要素限制阈值，揭示海滨湿地生态要素的时空变化规律，深刻认识海滨湿地景观演变，为科学地模拟和预测海滨湿地景观变化奠定基础。

6.1 空间分析尺度选择

尺度效应是一种客观存在且用尺度表示的限度效应。在景观生态学中，尺度包括时间尺度和空间尺度，空间尺度是指景观中最小可辨识的单元；时间尺度是指研究对象在空间或者时间上的持续范围或长度。本书中的尺度，主要指空间尺度，即研究区景观栅格大小的选择。景观格局和景观异质性都依所测定尺度变化而异。因此，尺度问题是景观生态学研究的核心问题之一。近些年，空间尺度和异质性对生态过程的影响一直是景观生态学家关注的焦点问题之一。不同的空间尺度使得景观格局的性质和生态过程呈现不同的结果。因此，在生态过程研究中，确立合适的分析尺度，使之与所研究的景观生态过程特征有较好的匹配性，就显得尤为重要。

6.1.1 尺度分析工具的选择

对于景观要素来说，都存在一个最佳的观测尺度。粒度效应是景观分析最佳尺度选择的重要衡量依据，粒度效应是指景观指数随着空间粒度的变化而出现的一种临界现象，当粒度大于或小于临界值时，景观指数的变化速率都非常大，对空间粒度变化具有很强的敏感性。所以，往往选择那些对粒度变化反应敏感的景观指数作为最佳尺度选择的依据。根据前人研究结果（曾辉等，1998；申卫军等，2003a，2003b；张东水等，2006），选取对粒度变化反应敏感的景观类型平均形状指数（MCPI）、景观类型平均分维数（MPFD），作为选择最佳尺度的量化依据。定量分析这两个指数的敏感区间，通过比较分析，确定尺度大小，选择最优分析尺度。

$$\text{MCPI} = \frac{1}{N} \times \sum_{i=1}^{n_k} \frac{P_i}{A_i} \qquad (6\text{-}1)$$

式中，MCPI 为景观类型平均形状指数；N 为某一景观类型斑块的数量；n_k 为第 k 种景观类型的第 n 个斑块；P_i 为某一景观类型中第 i 个斑块的周长（km）；A_i 为某一景观类型中第 i 个斑块的面积（km^2）。MCPI 越高表明该景观类型中小面积斑块或具有复杂边界的斑块数量越多。

$$\text{MPFD} = \frac{1}{N} \sum_{i=1}^{n_k} \frac{2\ln(0.25P_i)}{\ln A_i} \qquad (6\text{-}2)$$

式中，MPFD 为景观类型平均分维数。MPFD 取值在 1～2；MPFD 值越大，说明该景观类型斑块形状越复杂；MPFD 值越小，说明该景观类型斑块形状越规则。

6.1.2　最优分析尺度的确定

对 2011 年的 ETM+ 遥感影像数据进行分析尺度研究，将其划分为 11 个粒度等级的栅格图像，运用 Fragstats 3.3 软件计算景观类型平均形状指数和平均分维数（表 6-1）。在景观尺度选择时考虑以下方面（张东水等，2006）：首先，选择研究区的分析尺度。研究区中海滨湿地景观包括多种类型，不同景观类型的面积、斑块数量、景观类型平均面积等各不相同。因此在选择尺度时，要尽可能地减少景观空间信息损失，尤其是小斑块信息的损失。其次，选择景观类型的分析尺度。研究对象是海滨湿地景观类型及其空间特征，在选择分析尺度时，减少不必要的干扰，选择较小的尺度详细反映景观类型的空间特征。再次，设置不同的尺度，定量分析景观指数在各景观类型的敏感区间。从表 6-1 中可以看出，上述两个景观指数在不同尺度上存在一个基本不变的公共区域。最后，确定空间分析的最佳尺度。根据各景观类型定量化分析中两个景观指数基本不变的区间，并结合定性分析，共同确定本书中的最佳观察尺度值。根据景观指数计算比较，定性与定量相结合，确定研究区景观栅格大小以 100m 为宜，如表 6-2 所示。

表 6-1　海滨湿地景观类型不同尺度指标变化

类型	指数	30m	50m	100m	150m	200m	250m	300m	350m	400m	450m	500m
水塘	形状	3.1864	2.9797	3.1239	2.3998	1.7368	1.6349	1.4564	1.3929	1.5273	1.4812	1.3056
	分形	1.1514	1.1352	1.1319	1.0914	1.0646	1.0517	1.0398	1.0313	1.0507	1.0440	1.0363
河流	形状	2.2044	1.7685	1.5125	1.4338	1.3540	1.254	1.1553	1.1272	1.2095	1.1042	1.000
	分形	1.1156	1.0796	1.0413	1.0507	1.0458	1.0338	1.0216	1.0222	1.0255	1.0165	1.0008

续表

类型	指数	30m	50m	100m	150m	200m	250m	300m	350m	400m	450m	500m
堤坝	形状	1.4505	1.3221	1.2178	1.1931	1.1848	1.0965	1.0869	1.0598	1.0614	1.0588	1.1090
	分形	1.0651	1.0411	1.0298	1.0285	1.0264	1.0171	1.0366	1.0121	1.0114	1.0100	1.0168
芦苇沼泽	形状	1.3017	1.2003	1.1538	1.3649	1.2318	1.3211	1.4730	1.4826	1.4573	1.4794	1.8871
	分形	1.0532	1.0291	1.0189	1.0385	1.0242	1.0336	1.0436	1.0406	1.0395	1.0386	1.0574
米草沼泽	形状	1.5189	1.3096	1.3117	1.3578	1.4416	1.3511	1.4884	1.2750	1.3914	1.7025	1.4018
	分形	1.0736	1.0466	1.0353	1.0398	1.0365	1.0270	1.0401	1.0215	1.0375	1.0575	1.0300
碱蓬沼泽	形状	1.6118	1.5482	1.4151	1.4925	1.3713	1.2660	1.6846	1.5010	1.9683	1.4537	2.4357
	分形	1.0800	1.0653	1.0433	1.0521	1.0381	1.0255	1.0366	1.0417	1.0709	1.0440	1.1173
光滩	形状	2.7453	2.6126	2.8098	2.0077	2.3864	2.1711	2.0233	2.2121	1.4750	2.0856	2.0031
	分形	1.1384	1.1316	1.334	1.0799	1.1141	1.1002	1.0886	1.1049	1.0417	0.0965	1.0861
整体景观	形状	1.5293	1.3986	1.3023	1.3238	1.3035	1.2333	1.2413	1.2277	1.2867	1.2770	1.2877
	分形	1.0700	1.0475	1.0331	1.0379	1.0348	1.0269	1.0256	1.0244	1.0289	1.0260	1.0272

表 6-2　　海滨湿地分析尺度范围　　　　　　　　（单位：m）

景观类型	适宜尺度范围		最佳尺度
	平均形状指数	平均分维数	
水塘	50~100，200~250，300~450	50~100，400~450	
河流	100~150，300~450	100~200，300~450	
堤坝	150~200，350~450	100~150，350~450	
芦苇沼泽	50~100，300~450	50~100，300~450	100
米草沼泽	50~100	100~200	
碱蓬沼泽	100~150	100~150，300~350	
光滩	50~100，250~350，450~500	30~100	
整体景观	100~200，250~350，400~500	100~200，250~500	

6.2　湿地土壤要素空间化研究方法

　　土壤水分和盐度是海滨湿地演变的关键控制因子，利用科学的方法并结合 GIS 技术研究海滨湿地土壤水分和盐度空间分异特征及其与景观类型的关系，对于深刻认识海滨湿地景观演变，揭示海滨湿地景观生态过程具有重要意义。地统计学是土壤空间变异研究最普遍也是最有效的方法之一，已经广泛应用于土壤理化性质空间分布研究中。但是地统计学的空间插值方法，对统计数据的分布特征及空间自相关性有一定的要求，只有在统计数据符合统计要求的前提下才可以进行空间插值。另外，从尺度效应考虑，需要尽可能考虑土壤理化性质的观测尺度和分析尺度及景观本征尺度的统一。所以在本书中，考虑到数据特征及尺度问题，不采用空间插值的方法，而采用人工神经网络（artificial neural networks，ANN）方法。

6.2.1　人工神经网络

人工神经网络是在神经科学的基础上发展起来的，它是由大量的神经元通过拓扑结构互相连接而形成的网络，是一个具有高度非线性的连续时间动力系统，能够反映人脑功能的基本特征，具有自我学习功能、联想存储功能和高速寻找优化解的能力。前馈网络（back-propagation networks）模型，即 BP 网络模型是目前应用最广泛的人工神经网络模型之一。多层的 BP 网络模型不仅具有输入层、输出层，还有一个或多个隐含层，网络结构如图 6-1 所示（徐建华，2002）。

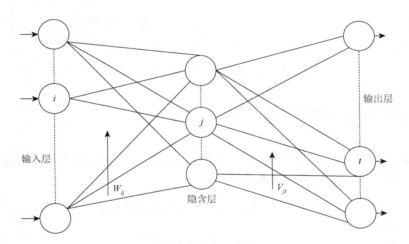

图 6-1　BP 网络模型结构图

其中，i 为输入层中的神经元；j 为隐含层中的神经元；t 为输出层中的神经元；W_{ij} 为输入层中第 i 个神经元与隐含层第 j 个神经元之间的连接权重；V_{jt} 为隐含层中第 j 个神经元和输出层中第 t 个神经元之间的连接权重。权重值反映了神经元之间相互作用水平，如果权重值为正值，说明两个神经元之间是相互促进的；如果权重值为零，说明两个神经元之间不发生作用；如果权重值为负值，说明相互连接的神经元之间是相互抑制的。另外，输出层和隐含层的神经元都存在一个阈值，用于调节神经元的兴奋水平。

　　海滨湿地生态系统是动态、开放和非线性的复杂系统。在研究中，利用人工神经网络来解决景观类型演变和生态过程模拟的难题。众多的研究表明，人工神经网络有一系列的优点，从理论上能够实现任何复杂的非线性映射功能，能够很准确地从带有噪声的训练数据中进行拟合，从而获取较高的模拟精度。在研究中无须去了解复杂的内部机制、无须建立模型，只要明确数据输入和输出结果。所以，人工神经网络特别适用于模拟复杂的非线性系统，求解内部复杂机制问题。人工神经网络由简单的网络组成，包括三个相对独立的模块，即训练模块、测试与检验模块、模拟预测模块。具体的 BP 神经网络模拟流程图如图 6-2 所示。

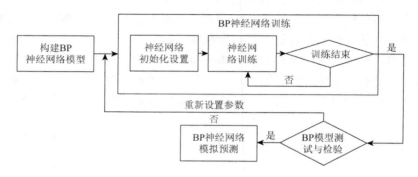

图 6-2　BP 神经网络模拟流程图

6.2.2　人工神经网络的实现过程

　　首先，构建 BP 神经网络函数［式（6-3）］：第一，选择输入和输出数据，确定输入、输出及隐含层神经元数量。

$$\text{net} = \text{new}ff(\boldsymbol{P}, \boldsymbol{T}, S, \text{TF}, \text{BTF}, \text{BLF}, \text{PF}) \tag{6-3}$$

$$\frac{m+n}{2} \leqslant S \leqslant (m+n)+10 \tag{6-4}$$

式中，$\boldsymbol{P}$ 为输入矩阵；$\boldsymbol{T}$ 为输出矩阵；S 为隐含层节点数，取值范围见式（6-4）；TF 为传递函数；BTF 为训练函数；BLF 为网络学习函数；PF 为性能分析函数。

　　第二，选择神经元之间的传递函数，包括正切 S 型传递函数 tansig［式（6-5）］、对数 S 型传递函数 logsig［式（6-6）］、线性传递函数 purelin［式（6-7）］、硬对称限幅传递函数 hardlims［式（6-8）］。

$$f(x) = \frac{1 - e^{-x}}{1 + e^{-x}}, \ f(x) \in (0,1) \tag{6-5}$$

$$f(x) = \frac{1}{1 + e^{-x}}, \ f(x) \in (-1, 1) \tag{6-6}$$

$$f(x) = kx, \ f(x) \in (-\infty, \infty) \tag{6-7}$$

$$f(x) = \begin{cases} 1, & x \geqslant 0, \\ 0, & x \leqslant 0, \end{cases} \ f(x) \in \{0, 1\} \tag{6-8}$$

第三，选择训练函数 [式（6-9）]，包括梯度下降 BP 算法训练函数 traingd、动量反传的梯度下降 BP 算法训练函数 traingdm、动态自适应学习率的梯度下降 BP 算法训练函数 traingda、动量反传和动态自适应学习率的梯度下降 BP 算法训练函数 traingdx、Levenberg_Marquardt 的 BP 算法训练函数 trainlm。

$$A = f(\sum_{i=1}^{p} w_{ij} x_i - \theta_{ij}) \tag{6-9}$$

式中，f 为输入或输出的传递函数；p 为输入或隐含层神经元数量；w_{ij} 为输入或输出层的神经元与隐含层神经元之间的权重；θ_{ij} 为隐含层或输出层神经元的阈值。

第四，选择网络学习函数，包括 BP 学习规则 learngd、带动量的 BP 学习规则 learngdm。Learngd 是一种梯度下降法，利用误差调整下一步的权重，最终使误差达到最小，以保证计算的收敛性 [式（6-10）]。为了提高收敛的速度，引入了带动量的学习规则 learngdm [式（6-11）]。

$$w_{ij}(t+1) = w_{ij}(t) + \eta(y_i - d_i)x_i \tag{6-10}$$

$$w_{ij}(t+1) = w_{ij}(t) + \Delta w_{ij}(t+1) + \mu \Delta w_{ij}(t) \ \Delta w_{ij} = \eta \frac{\partial E}{\partial w} \tag{6-11}$$

式中，w_{ij} 为权重；η 为学习速率；y_i 为输出值；d_i 为期望值；μ 为动量因子；t、$t+1$ 表示不同时刻；E 为误差函数。

第五，选择性能分析函数，包括绝对误差性能分析函数 mae [式（6-12）]、均方差性能分析函数 mse [式（6-13）]，式中 q 为输出神经元数量。当性能函数的值小于预先设定的最小误差值时，网络学习过程结束。

$$\text{mae} = \frac{\sum_{i=1}^{q} |y_i - d_i|}{q} \tag{6-12}$$

$$\text{mse} = \sqrt{\sum_{i=1}^{q} (y_i - d_i)^2 / q} \tag{6-13}$$

其次，利用构建好的 BP 神经网络 net、输入矩阵 $\boldsymbol{X}$ 和目标矩阵 $\boldsymbol{Y}$，进行网络训练，$[\text{net, tr}] = \text{train}(\text{net}, \boldsymbol{X}, \boldsymbol{Y})$。同时设置训练步长、精度要求、学习速率。利用初步训练好的网络和验证数据进行验证、调整参数，优化 BP 神经网络。利用训练好的 BP 神经网络，进行模拟预测 y 值，即 $y = \text{sim}(\text{net}, \boldsymbol{X})$。

最后，进行精度检验，精度计算公式为

$$P_c = 1 - \text{sum}[\text{abs}(\boldsymbol{Y}\text{net\_errors})]/\text{sum}(\text{tr}\boldsymbol{Y}) \tag{6-14}$$

式中，sum 为求和函数；abs 为绝对值函数；tr$\boldsymbol{Y}$ 为神经网络输入的目标值；$\boldsymbol{Y}$net_errors 为神经网络模型拟合值与输入目标值之间的误差矩阵。精度检验包括模型构建中的拟合精度，以及样本检验的预测精度。

6.3　海滨湿地土壤水分和盐度空间分异研究

6.3.1　模型数据来源与处理

利用人工神经网络模型可以实现海滨湿地土壤水分和盐度的空间化。模型数据来源包括两部分，一是土壤水分和盐度监测数据，二是景观类型及其空间位置数据。

1. 土壤水分和盐度数据处理

在第 5 章的研究中已经明确了土壤水分和盐度是海滨湿地景观演变的关键生态要素。但是，基于干旱和湿润年份海滨湿地土壤水分和盐度是以特定的气象和水文条件为背景的。而要反映一般或者多年平均气象和水文条件下，景观生态过程与景观演变的关系，需要构建海滨湿地土壤水分和盐度平均分布图。简单的干旱、湿润年份数据的算术平均，未考虑不同年份气象和水文条件，不能反映其一般特征，所以在研究中采用加权和计算海滨湿地土壤水分和盐度的一般分布规律，权重的设置遵循邻近原则，即降水量越接近多年平均值权重越大。公式如下：

$$y = \beta_{干} y_{干} + \beta_{湿} y_{湿} \tag{6-15}$$

$$\beta_{干} = 1 - \frac{D_{干}}{D_{干} + D_{湿}}, \quad \beta_{湿} = 1 - \frac{D_{湿}}{D_{干} + D_{湿}} \tag{6-16}$$

式（6-15）和式（6-16）中，$\beta_{干}$、$\beta_{湿}$ 分别表示干旱和湿润年份的权重；$D_{干}$、$D_{湿}$ 分别表示干旱和湿润年份降水量与多年平均降水量的离差。通过计算，$\beta_{干}$、$\beta_{湿}$ 分别为 0.353 和 0.647。

通过式（6-15）和式（6-16）计算出人工管理和自然条件两种不同模式下海滨湿地土壤盐度和土壤水分在多年平均气象条件下的一般值（图6-3 和图6-4）。

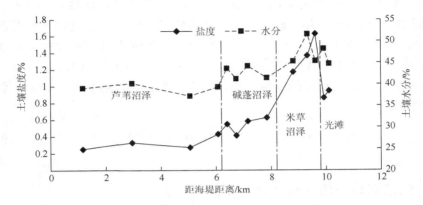

图 6-3　人工管理区土壤水分与盐度分布

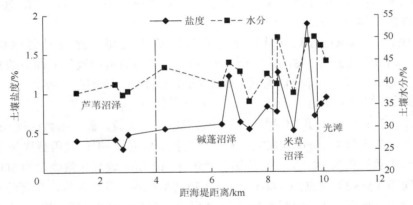

图 6-4　自然条件区土壤水分和盐度分布

2. 景观类型数据及处理

景观类型数据主要来源于 2000 年、2006 年和 2011 年海滨湿地景观类型图。以上述确定的最优尺度 100m 的栅格作为分析尺度，将所有的景观类型数据全部转化成点数据，采用人工神经网络方法，计算出每一个点的土壤盐度（y_1）和水分（y_2），进而生成土壤盐度和土壤水分的空间分布图。在实际研究中，将海滨湿地分为芦苇沼泽、碱蓬沼泽、米草沼泽和光滩 4 个类型，因此，设置 3 个虚拟变量（x_1，x_2，x_3），分别进行 0、1 赋值，将所有的景观类型变量转化为定量变量。这样就产生了 6 个变量，包括：每个点的土壤盐度（y_1）、水分（y_2）、每个点距海堤的距离（x_0）和 3 个虚拟变量。

利用 ArcGIS 9.3 计算出野外采样点到海堤的距离{x_0}值,并统计好每个采样点的{y_1}、{y_2}、{x_1}、{x_2}、{x_3}值,作为神经网络模型的建模数据。在 ArcGIS 9.3 中,运用 Conversion Tools 模块,将景观类型图转为 100m×100m 的栅格数据,然后再运用 Raster to Point 模块将其转换成点数据(人工管理区 5194 个,自然条件区 11170 个),统计每个点的景观类型,并计算每个点到海堤的距离 (x_0)。这样就可以建立若干个矩阵{x_1}、{x_2}、{x_3}、{x_0},作为输入矩阵。为了避免过多的 0 值或数据过大对数据运行的影响,对输入数据进行标准化处理(式 6-17)。

$$x'_{i,j} = 0.9 \times (x_{i,j} - \min_j x_{i,j}) / (\max_j x_{i,j} - \min_j x_{i,j}) + 0.1 \qquad (6\text{-}17)$$

6.3.2　海滨湿地土壤水分和盐度空间化研究

根据上述构建的数据库,运用 BP 人工神经网络模型,进行海滨湿地土壤水分和盐度的空间化研究。

首先,在 MATLAB 软件中运行神经网络工具箱,选择神经网络类型(feed-forward backprop)初始化一个神经网络,运用随机函数将采样点的建模数据分为两部分数据,一部分作为训练数据(training),一部分作为检验数据(test)。输入数据包括{x_1}、{x_2}、{x_3}、{x_0},目标数据为{y_1}、{y_2}。

其次,创建一个三层 BP 神经网络,选择相关的参数,训练函数选择 trainlm,网络学习函数选择 learngdm,性能分析函数选择 mse;第一层传输函数选择 tansig,隐含层节点数设置为 14,第二层传输函数选择 purelin,训练次数确定为 3000,最小均方误差(MSE)设置为 0.005。通过不断调整权重,反复训练,直至误差减少曲线趋于平稳接近于 0,如图 6-5~图 6-8 所示。将检验数据代入训练好的神经网络,进行预测精度检验,如果精度过低需要重新调整权重参数,优化 BP 神经网络,直至精度达到要求,固定权重函数,网络模型建立。最终模型训练结果显示:自然条件区水分模型预测的相对误差为 9.2272%,盐度模型预测的相对误差为 8.4353%;人工管理区水分模型预测的相对误差为 9.9272%,盐度模型预测的相对误差为 6.2665%,如表 6-3 所示。

最后,利用训练好的 BP 神经网络,进行模拟预测 y 值,即 $y = \text{sim}(net, X)$。将预测好的数据运用 ArcGIS 添加到相应的点图层中,并将其转变为 grid 图像,即可生成海滨湿地土壤水分和盐度空间分异图,如图 6-9 和图 6-10 所示。运用同样的方法可以进行 2000 年和 2006 年海滨湿地土壤水分与盐度空间分异研究,如图 6-11 和图 6-12 所示。

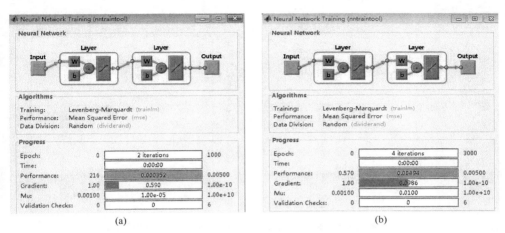

图 6-5　人工管理区土壤水分（a）和盐度（b）BP 神经网络

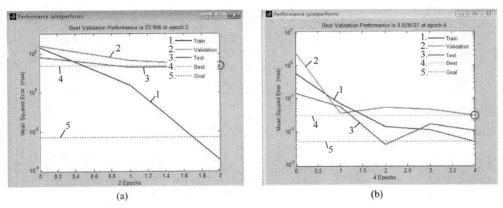

图 6-6　人工管理区土壤水分（a）和盐度（b）网络训练

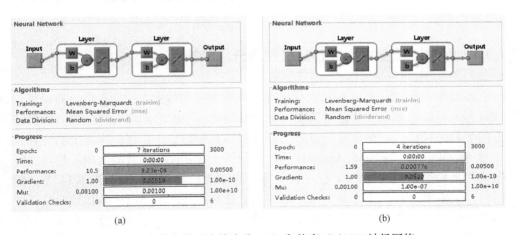

图 6-7　自然条件下土壤水分（a）和盐度（b）BP 神经网络

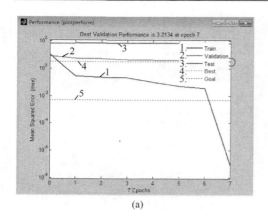 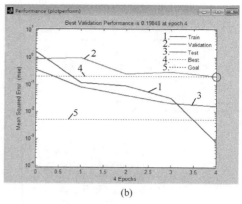

　　　　　　　　　　　(a)　　　　　　　　　　　　　　　　　　　　(b)

图 6-8　自然条件下土壤水分（a）和盐度（b）网络训练

表 6-3　BP 神经网络预测精度　　　　　　　　　（单位：%）

类型		数值			平均相对误差
自然条件区	水分	实测数据	49.3339	39.6252	35.7433	9.2272
		预测误差	−2.0732	−2.3255	−7.1079	
	盐度	实测数据	1.5914	0.7681	0.5472	8.4353
		预测误差	0.2051	−0.0126	0.0275	
人工管理区	水分	实测数据	44.7446	41.4502	39.3329	9.9272
		预测误差	−3.3476	6.9345	−2.1794	
	盐度	实测数据	0.9477	0.6261	0.4298	6.2665
		预测误差	0.0292	0.0946	0.0017	

6.3.3　海滨湿地土壤水分和盐度空间分异特征

　　通过图 6-9 和图 6-10 可以直观地显示土壤水分和盐度在空间上的分布特征。盐城海滨湿地土壤水分和盐度的空间分异特征均呈现出沿海岸方向延伸、沿海陆方向更替的特征。沿东西海陆方向的变异明显大于南北海岸延伸方向上的变异。运用 ArcGIS 9.3 的 Trend Analysis 模块，分析土壤盐度和水分的全局趋势，并将生成的全局趋势图旋转 30°，使之与实际空间方向一致（图 6-13 和图 6-14）。分析得出：土壤水分在海陆方向上表现出明显上升的态势，呈现出一条指数曲线，即从芦苇沼泽、碱蓬沼泽、米草沼泽到光滩，土壤水分含量逐渐上升；在海岸方向上，变化缓慢，呈现出一条平缓的凹形曲线，从北向南略有上升。土壤盐度在海陆方向上则呈典型的抛物线形，先升高然后又降低，即从芦苇沼泽、碱蓬沼泽到米草沼泽逐渐上升，然后向光滩方向又有所减少；在南北方向上，盐度呈缓慢上升趋势，趋势曲线为一条斜率较小的近似直线。

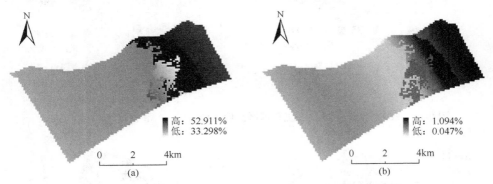

图 6-9　2011 年人工管理区土壤水分（a）和盐度（b）分异

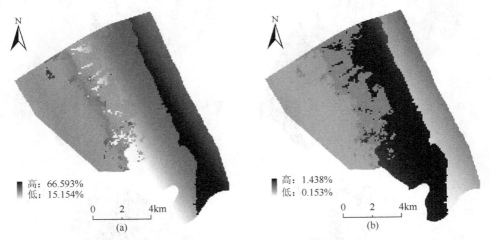

图 6-10　2011 年自然条件区土壤水分（a）和盐度（b）分异

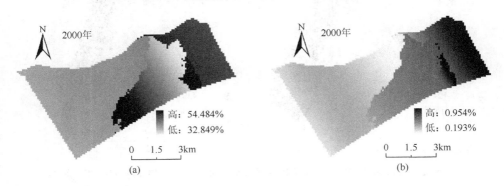

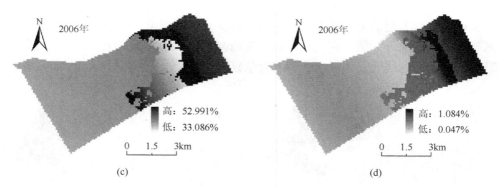

图 6-11　2000 年和 2006 年人工管理区土壤水分（a、c）和盐度（b、d）分异

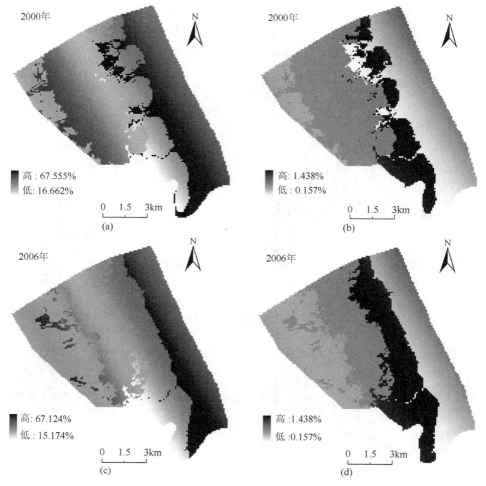

图 6-12　2000 年和 2006 年自然条件区土壤水分（a、c）和盐度（b、d）分异

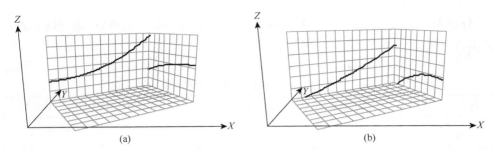

图 6-13　2011 年人工管理区土壤水分（a）和盐度（b）空间变化趋势

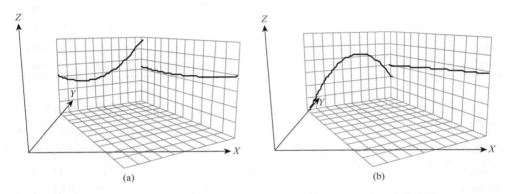

图 6-14　2011 年自然条件区土壤水分（a）和盐度（b）空间变化趋势

6.4　海滨湿地土壤水分和盐度阈值影响研究

海滨湿地关键生态要素限制阈值，就是要确认在自然状态下各景观类型土壤水分和土壤盐度的分布范围，一旦土壤水分和土壤盐度超过这个范围的临界值，景观演变就会发生。海滨湿地土壤水分和盐度限制阈值的确定，不仅可以反映土壤水分和土壤盐度在不同景观之间的差异，也可以更有效地判断土壤水分和盐度变化对景观演变的影响。

在研究中以自然条件区 2011 年景观类型图和土壤水分和盐度空间分布图为基础（图 6-10）。以较好地保持数据的统计特性，相似性大的数据分在同一级，差异性大的数据分在不同级为原则，在 ArcGIS 9.3 中，运用 Classification 功能，通过聚类分析将海滨湿地土壤水分和盐度各分为 7 级，从 I 级到Ⅶ级，表征土壤水分和盐度逐渐增大（表 6-4）。从不同级别土壤水分和盐度变化的分布面积看，自然条件下海滨湿地土壤水分在Ⅲ级（33.1132%～39.4650%）分布最大，为 3212.8196hm^2，占总面积的 28.7689%，其次是Ⅳ级、Ⅴ级、Ⅵ级、Ⅶ级、Ⅱ级和 I 级；土壤盐度在Ⅱ级（0.3148%～0.5325%）和Ⅶ级（＞1.2618%）分布面积最大, 分别为2790.8572hm^{2}和2786.1931hm^2, 分别占总面积的24.9905%和24.9487%, 其次为 I 级、III级、IV级、 V 级和VI级。

表 6-4 土壤水分和盐度分级统计

分级	水分/%	分布面积/hm^2	比重/%	盐度/%	分布面积/hm^2	比重/%
I	<26.4158	126.4085	1.1319	<0.3148	2116.2353	18.9496
II	26.4158~33.1132	574.9534	5.1484	0.3148~0.5325	2790.8572	24.9905
III	33.1132~39.4650	3212.8196	28.7689	0.5325~0.7217	1754.9445	15.7145
IV	39.4650~42.2824	2383.8584	21.3461	0.7217~0.8862	617.6242	5.5305
V	42.2824~48.6342	1697.4239	15.1994	0.8862~1.1536	595.1102	5.3289
VI	48.6342~55.3316	1618.2636	14.4906	1.1536~1.2618	506.7117	4.5373
VII	>55.3316	1553.9488	13.9147	>1.2618	2786.1931	24.9487

为了能够反映各景观类型的土壤水分和盐度在不同级别之间的分布情况, 辨识不同景观类型土壤水分和盐度的阈值范围, 运用 ArcGIS 9.3 中 Union 模块, 将2011 年植被类型图与土壤水分和盐度空间分布图进行叠加分析(表 6-5 和表 6-6), 得出: 芦苇沼泽土壤水分在 I ~VII级都有分布, 其中以III级 (33.1132%~39.4650%) 分布面积最广, 占芦苇沼泽面积的 55.9873%; 集中分布在III~IV级(33.1132%~42.2824%), 二者的分布面积达到芦苇沼泽总面积的 97.5611%, 所以在参照植被分布的基础上, 界定芦苇沼泽发育的水分范围为 33.1132%~42.2824%。碱蓬沼泽的土壤水分分布在 I ~VI级, 其中以III级 (33.1132%~39.4650%) 分布面积最广, 占碱蓬沼泽面积的 49.2356%; III~ V 级 (33.1132%~48.6342%) 的分布面积达到碱蓬沼泽面积的 95.5516%。所以, 界定碱蓬沼泽土壤水分范围为33.1132%~48.6342%。米草沼泽的土壤水分的分布范围比较广, 在 I ~VII级都有分布, 其中以 V 级 (42.2824%~48.6342%) 分布范围最大, 达到米草沼泽面积的35.5875%; II ~VI级 (26.4158%~55.3316%) 的分布面积达到米草沼泽面积的96.6237%。所以, 界定米草沼泽土壤水分范围为 26.4158%~55.3316%。光滩的土壤水分分布在IV~VII级, 其中以VII级 (>55.3316%) 分布面积最大, 占光滩面积的 57.7181%, VI~VII级 (>48.6342%) 的分布面积达到总面积的 97.8330%。所以, 光滩的土壤水分范围为>48.6342%。

芦苇沼泽的土壤盐度分布在 I ~ V 级, 以 I ~ II 级 (<0.5325%) 分布最为集中, 分别占芦苇沼泽面积的 42.8629%和 55.0055%, 二者之和为 97.8684%。所以界定芦苇沼泽的盐度分布范围为<0.5325%。碱蓬沼泽的土壤盐度值范围比较宽, I ~VII级都有分布, 其中以III级 (0.5325%~0.7217%) 分布面积最大, 占碱蓬沼泽面积的 61.4157%; II ~ V 级 (0.3148%~1.1536%) 之和占碱蓬沼泽面积的98.0990%。

进一步分析碱蓬沼泽与相邻景观类型的关系,界定碱蓬沼泽的盐度范围为 0.5325%～0.8862%。米草沼泽的土壤盐度值分布在Ⅱ～Ⅶ级,其中以Ⅶ级（>1.2618%）分布最大,占米草沼泽面积的 71.4977%；Ⅴ～Ⅶ级（>0.8862%）之和占了米草沼泽总面积的 94.4746%。通过进一步分析米草沼泽与相邻景观类型的关系,界定米草沼泽盐度范围为>0.8862%。光滩的土壤盐度值分布在Ⅱ～Ⅵ级,其中Ⅱ～Ⅳ级（<0.8862%）之和所占面积达到了 99.0810%；通过比较光滩与米草沼泽的关系,界定光滩的盐度范围为<0.8862%。

表 6-5　不同植被类型土壤水分值分布特征

项目	I	II	III	IV	V	VI	VII
芦苇沼泽/hm²	1.6376	6.8026	1659.3422	1232.1577	61.6986	2.1104	0.0329
面积比/%	0.0553	0.2295	55.9873	41.5738	2.0818	0.0712	0.0011
碱蓬沼泽/hm²	4.3212	65.4071	807.1101	560.8350	198.4126	3.1940	0
面积比/%	0.2636	3.9900	49.2356	34.2123	12.1036	0.1948	0
米草沼泽/hm²	120.4497	502.7437	746.3673	585.4294	1384.8186	540.5619	10.9315
面积比/%	3.0954	12.9197	19.1804	15.0446	35.5875	13.8915	0.2809
光滩/hm²	0	0	0	5.4363	52.4941	1072.3973	1542.9844
面积比/%	0	0	0	0.2034	1.9636	40.1149	57.7181

表 6-6　不同植被类型土壤盐度值分布特征

项目	I	II	III	IV	V	VI	VII
芦苇沼泽/hm²	1270.3616	1630.2443	53.8189	7.1839	2.1733	0	0
面积比/%	42.8629	55.0055	1.8159	0.2424	0.0733	0	0
碱蓬沼泽/hm²	1.3478	190.2330	1006.7761	255.9207	155.1869	25.8151	4.0004
面积比/%	0.0822	11.6047	61.4157	15.6118	9.4668	1.5748	0.2440
米草沼泽/hm²	0	4.7019	66.5441	143.7596	413.3124	480.7914	2782.1927
面积比/%	0	0.1208	1.7101	3.6944	10.6214	12.3555	71.4977
光滩/hm²	0	965.6780	1472.3313	210.7600	24.4376	0.1052	0
面积比/%	0	36.1229	55.0742	7.8839	0.9141	0.0039	0

人工管理区景观变化主要就是通过人为作用短时间内实现土壤水分和盐度值的变化,致使原生的景观演变发生改变。通过对人工管理区土壤水分和盐度空间分布与景观类型的比较,发现在人工管理区不同景观类型土壤水分和盐度

的分布范围与自然条件下基本一致。由此可以看出，海滨湿地景观系统中，景观演变受到土壤水分和盐度的阈值影响明显。通过不同景观类型的土壤水分和盐度阈值范围的比较（表 6-5～表 6-7），可以看出：土壤水分和盐度的阈值组合可以有效地区别出不同景观类型之间的差异，可以通过土壤水分和盐度的组合控制碱蓬沼泽→芦苇沼泽、碱蓬沼泽→米草沼泽、光滩→米草沼泽、光滩→碱蓬沼泽等景观演变，也进一步证实了土壤水分和盐度是海滨湿地景观演变的关键因子。如果海滨湿地土壤水分和盐度条件达到某一景观类型所对应的阈值范围时，景观则向相应的类型转化。自然条件下海滨湿地景观，绝大部分为原始的自然景观，受到人类活动的干扰微乎其微，可以将自然条件下景观类型的生态阈值确定为景观演变的原始参数。在人工管理作用下，改变的仅仅是土壤水分和盐度变化的速率。因此，将海滨湿地土壤水分和盐度的阈值组合作为海滨湿地景观演变的判别依据。

表 6-7　不同景观类型土壤水分和盐度的阈值范围　　　（单位：%）

项目	水分值	盐度值
芦苇沼泽	33.1132～42.2824	0.1531～0.5325
碱蓬沼泽	33.1132～48.6342	0.5325～0.8862
米草沼泽	26.4158～55.3316	0.8862～1.4375
光滩	48.6342～66.5934	0.3148～0.8862

6.5　小　　结

土壤水分和盐度是海滨湿地景观演变关键生态要素，本章在 MATLAB 中运用人工神经网络模块构建了海滨湿地土壤水分和盐度空间分异图，并通过 ArcGIS 9.3 的相关功能，确立了不同景观类型关键生态要素的限制阈值，结果如下。

（1）通过对不同景观类型的平均形状指数（MCPI）和景观类型平均分维数（MPFD）的分析，确定了生态过程分析的最优空间尺度为 100m×100m。

（2）通过人工神经网络模型进行了海滨湿地土壤水分和盐度空间分异研究。结果显示：盐城海滨湿地土壤盐度和水分的空间分异特征均呈现出沿海岸方向延伸、沿海陆方向更替的特征；沿东西海陆方向的变异明显大于南北海岸延伸方向上的变异。

（3）确定了海滨湿地土壤水分和盐度的阈值范围。芦苇沼泽的土壤水分阈值范围为 33.1132%～42.2824%，土壤盐度阈值范围为 0.1531%～0.5325%；碱蓬沼泽的土壤水分阈值范围为 33.1132%～48.6342%，土壤盐度阈值范围为 0.5325%～0.8862%；米草沼泽的土壤水分阈值范围为 26.4158%～55.3316%，土壤盐度阈值范围为 0.8862%～1.4375%；光滩的土壤水分阈值范围为 48.6342%～66.5934%，土壤盐度阈值范围为 0.3148%～0.8862%。海滨湿地土壤水分和土壤盐度阈值的组合，可以作为海滨湿地景观演变判别依据。

第7章 海滨湿地景观过程模型研究

海滨湿地景观演变是在过程与格局的相互作用下进行的。在认识海滨湿地土壤关键要素空间分异及限制阈值的基础上，进一步明确海滨湿地景观生态过程及其对海滨湿地景观演变的影响机制，模拟海滨湿地景观变化，是保护海滨湿地生态系统的重要前提。本章主要基于景观生态过程时空变化规律，对人工管理和自然条件两种驱动模式下海滨湿地景观演变进行模型模拟分析。

7.1 海滨湿地景观过程模型框架构建

针对海滨湿地景观演变特征和景观生态过程变化规律，构建海滨湿地景观过程模型框架，如图 7-1 所示。

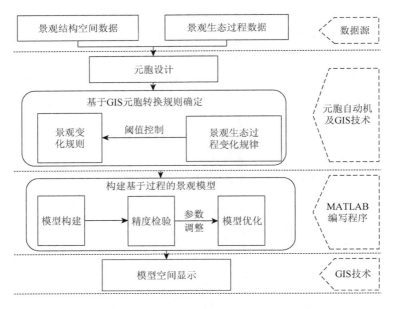

图 7-1 海滨湿地景观过程模型框架

从图 7-1 中可以看出，景观过程模型的构建既需要以景观尺度数据为基础，还要对驱动景观变化的景观生态过程变化规律进行深入研究。其核心为基于 GIS

元胞转换规则的确定。在此基础上运用 MATLAB 编程，构建基于过程的景观演变模拟模型，并与 GIS 耦合实现空间显示。所需基础数据和具体方法如下。

7.1.1　数据源

构建盐城海滨湿地景观过程模型所需的基础数据（图 7-2～图 7-7），包括两部分：一是海滨湿地景观结构空间数据，包括 2000 年、2006 年、2011 年的人工管理区和自然条件区的景观类型图，共 3 期 6 组数据。在实际操作中，具体做法是在 ArcGIS 中利用 Conversion Tools 将其转化为 ASCII 格式，将其导入 MATLAB 中，并保存在统一的目录下。二是海滨湿地景观生态过程数据，包括 2000 年、2006 年、

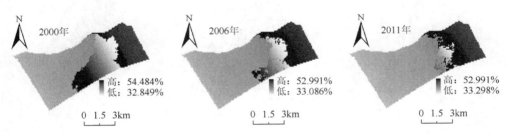

图 7-2　人工管理区土壤水分分布图

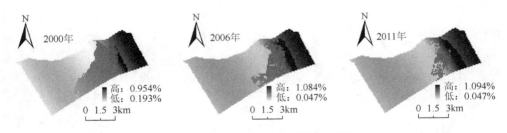

图 7-3　人工管理区土壤盐度分布图

图 7-4　人工管理区景观类型图

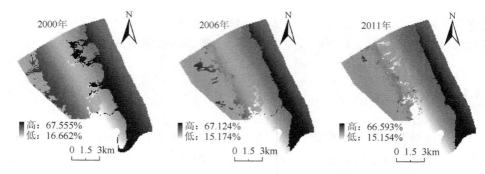

图 7-5　自然条件区土壤水分分布图

图 7-6　自然条件区土壤盐度分布图

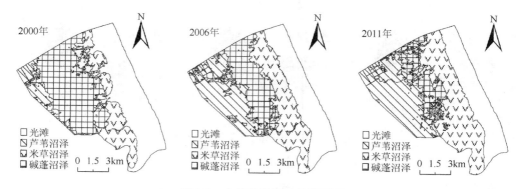

图 7-7　自然条件区景观类型图

2011 年的人工管理区与自然条件区土壤水分和盐度空间分异图,共 3 期 12 组数据。具体做法是,将土壤水分和盐度空间数据赋在 100m×100m 栅格的景观数据中,然后将其转化为 ASCII 格式并导入 MATLAB 中,保存于统一的路径,以方便随时调用。

7.1.2　基于 GIS 的转换规则

海滨湿地景观演变规则以元胞自动机为基础，通过元胞大小和邻域关系的分析，确定元胞之间的空间关系及其转换规则。

1. 元胞自动机

元胞自动机是由许多相同的单元所组成的，根据一些简单的领域规则能够在系统水平上产生复杂结构和行为的离散型动态模型。元胞自动机模型遵循"自下而上"的原则，即元胞下一时刻的状态是上一个时刻元胞与其邻域状态的函数。元胞自动机模型适合模拟地理空间系统的动态变化。在具体应用中，元胞自动机模型可以理解为由若干栅格单元组成的栅格网，每一个栅格都具有有限数量的状态，与邻近的栅格遵循某种规则相互影响、相互作用，致使栅格网空间格局发生改变，而这些变化可以衍生、扩展，乃至整个景观水平的空间格局变化。也就是说，一个栅格在某时刻的状态完全取决于上一个时刻这个元胞及所有相邻栅格的状态，并且按照这种规则进行更新并衍生至整个空间。元胞自动机模型用公式表示如下：

$$S(t+1) = f[L_d, S(t), N] \tag{7-1}$$

式中，S 为元胞的状态集合；L_d 为元胞空间；d 为元胞空间的维数；N 为元胞的邻域；f 为元胞状态转换的规则；t、$t+1$ 为不同的时刻。

元胞自动机由元胞、元胞空间、邻域及转换规则四个部分组成（图 7-8）。元胞是元胞自动机模型的基础，也是元胞空间组成中最基本的单位。元胞空间，在具体的研究中是指元胞在空间上集合的状态。按照空间形态，元胞空间包括多种形式，常见的有三角形、矩形和六边形。

邻域是指以某一个元胞为中心，确定与其相邻的元胞数量与空间分布形态。元胞与元胞空间表述的是空间系统的静态成分；景观的演变本质是由元胞的动态变化所构成，所以需要将"动态"引入系统，并赋以一定的转换规则。而元胞的这些转换规则是建立在一定的空间范围内的，即元胞及其邻域，简单地说，就是确定哪些元胞是该元胞的邻居。常见的二位元胞的邻域形式有以下几种（图 7-9）：von Neumann 型，即任一元胞的邻域是由该元胞的上、下、左、右四个方向上相邻的元胞所构成，邻域半径 $r=1$；Moore 型，即任一元胞的邻域是由该元胞上、下、左、右、左上、右上、左下、右下八个方向上相邻的元胞所构成，邻域半径为 $r=1$；扩展的 Moore 型，就是将 Moore 型的邻域半径扩大，半径 $r \geqslant 2$。

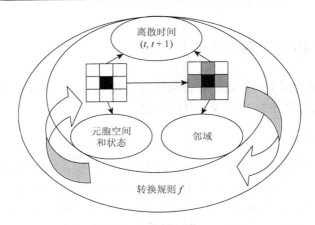

图 7-8　元胞自动机的构成

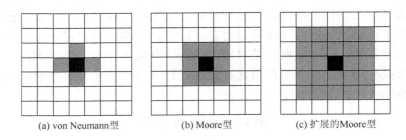

(a) von Neumann型　　　　(b) Moore型　　　　(c) 扩展的Moore型

图 7-9　元胞自动机的邻域类型

　　元胞自动机的转换规则是一种基于空间几何特性的不同元胞之间的相互作用方式，是元胞自动机模型中最为核心的内容，决定了景观空间模拟的结果。下一时刻元胞状态的函数是在上一时刻元胞及其邻域状态的基础上建立的，即状态转移函数。

2. 海滨湿地景观演变规则

　　海滨湿地景观结构变化，总体上表现为：芦苇沼泽、米草沼泽不断扩张，碱蓬沼泽不断减少。通过不同时期景观类型图的叠加分析得出，景观演变发生的空间位置是位于不同景观类型的交错带。海滨沼泽景观中交错带类型，包括芦苇-碱蓬沼泽交错带、米草-碱蓬沼泽交错带、光滩-米草沼泽交错带。在这些景观交错带，景观演变主要表现为：碱蓬沼泽向芦苇沼泽转变；碱蓬沼泽向米草沼泽转变；光滩向米草沼泽转变。而在引入互花米草之前或者米草沼泽与碱蓬沼泽没有完全衔接之前，存在着光滩向碱蓬沼泽的转变。

3. 海滨湿地景观生态过程及其变化规律

景观格局是生态过程的载体，是各种生态过程相互作用的反映；格局变化会引起相关的生态过程改变；而生态过程的改变也会使格局产生一系列的响应。景观生态过程，是指在景观水平上，不同生态系统之间动物、植物、生物量、水、矿质养分的流动，即景观生态过程的具体体现就是各种形式的流。通过前面的研究，已经确定了土壤水分和土壤盐度是海滨湿地景观演变的关键生态要素，并确定了其限制阈值。在景观过程模型构建中，还需要解决的关键问题包括两个方面：一要明确土壤水分和盐度发生变化的空间位置；二要明确土壤水分和盐度在该位置发生怎样的变化，包括变化的方向（正方向或负方向）和变化的量（单位时间变化值），并进一步辨识在自然条件和人工管理模式下，土壤水分和盐度的变化差异。

通过对 2000～2011 年的海滨湿地景观类图、土壤水分和盐度的叠加分析，得出如下结论：一是景观演变主要发生在景观交错地带，景观类型没有发生变化的区域土壤水分和盐度暂不发生改变；二是土壤水分和盐度变化首先发生在景观交错带，随着土壤水分和盐度的变化，景观类型可能会发生变化，发生变化的前提是突破阈值的限制，景观类型一旦变为另一种类型，就会形成新的交错带。根据盐城海滨湿地景观演变规则，比较 2000～2006 年、2006～2011 年景观类型发生变化的区域，如图 7-10 和图 7-11 所示，结合土壤水分和盐度空间分异图，确定碱蓬沼泽→芦苇沼泽、碱蓬沼泽→米草沼泽、光滩→米草沼泽、光滩→碱蓬沼泽等景观变化过程中土壤水分和盐度变化速率的范围，如表 7-1 和表 7-2 所示。人工管理区和自然条件区海滨湿地景观格局演变差异的关键原因在于土壤水分和盐度变化速率的差异。

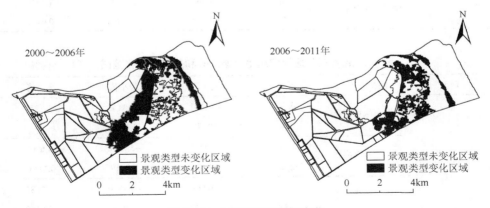

图 7-10　人工管理区景观变化

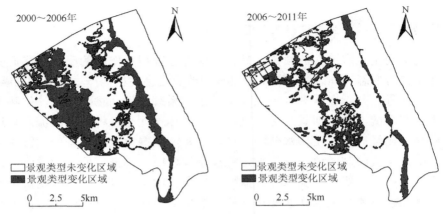

图 7-11　自然条件区景观变化

表 7-1　人工管理区海滨湿地土壤水分和盐度年变化范围　　（单位：%）

时间	演变序列	项目	最大值	最小值	平均值
2000~2006 年	光滩—米草沼泽	水分	0.3404	0.0518	0.2390
		盐度	0.0620	−0.0136	0.0433
	碱蓬—芦苇沼泽	水分	0.8044	−2.3445	−1.1506
		盐度	−0.0031	−0.0609	−0.0406
	碱蓬—米草沼泽	水分	3.0341	1.6196	2.7851
		盐度	0.0483	−0.0784	0.0055
2006~2011 年	光滩—米草沼泽	水分	0.4085	0.1157	0.2389
		盐度	0.0756	−0.0040	0.0577
	碱蓬—芦苇沼泽	水分	1.2845	−2.1421	−0.9637
		盐度	−0.0385	−0.0731	−0.0595
	碱蓬—米草沼泽	水分	3.6408	2.1769	3.2056
		盐度	0.0519	−0.0829	0.0111

表 7-2　自然条件区海滨湿地土壤水分和盐度年变化范围　　（单位：%）

时间	演变序列	项目	最大值	最小值	平均值
2000~2006 年	光滩—米草沼泽	水分	−1.3101	−8.3143	−3.3211
		盐度	0.2670	0.1368	0.2314
	光滩—碱蓬沼泽	水分	−4.0253	−5.1128	−4.6009
		盐度	0.1266	0.0919	0.1251
	碱蓬—芦苇沼泽	水分	1.0879	−3.4330	−2.2681
		盐度	−0.0222	−0.0397	−0.0362

续表

时间	演变序列	项目	最大值	最小值	平均值
2000~2006 年	碱蓬—米草沼泽	水分	0.3129	−5.0637	−1.9450
		盐度	0.1350	0.1002	0.1198
2006~2011 年	光滩—米草沼泽	水分	−1.0434	−7.6552	−3.3650
		盐度	0.3128	0.1241	0.2501
	碱蓬—芦苇沼泽	水分	4.1498	−3.9098	−1.5235
		盐度	−0.0042	−0.0477	−0.0387
	碱蓬—米草沼泽	水分	1.1695	−6.0877	−1.4917
		盐度	0.1621	0.0202	0.1495

7.1.3　景观过程模型构建思路与方法

1. 模型设计思路

为了与生态过程分析尺度统一，在实际研究中使用了与生态过程分析相统一的尺度标准。所以，在本书中把元胞定义为 100m×100m 二维的正方形网格。

在上述的研究中已经明确了海滨湿地景观演变规则，即碱蓬沼泽转变为芦苇沼泽和米草沼泽，光滩转变为米草沼泽或碱蓬沼泽。在这里采用碱蓬沼泽和光滩的邻域值来表示元胞类型的转换规则。具体的做法是：从 MATLAB 中调入 2000年、2006 年和 2011 年海滨湿地景观类型矩阵，矩阵中每一个数据代表一个元胞（−9999 为景观图中的空白区域）。设置邻域半径为 3×3，形状为 Rectangle，对每一个元胞周围的元胞数量（当一个元胞位于边或者角时，周围的元胞数量不等于8；当该元胞位于中心时，周围元胞数量等于 8）和类型进行统计分析。在实际研究中主要分析碱蓬沼泽和光滩的邻域类型，根据统计分析的结果，确定邻域类型为大于等于 2 的元胞，在下一个时段，元胞类型可能发生改变，邻域类型为 1 的元胞在下一个时段类型暂不发生改变。另外，在一个演变周期内随着元胞类型发生变化，其邻域值是在不断调整和变化的，邻域的统计分析也是随着元胞类型的改变而不断更新的。

海滨湿地景观演变主要受土壤水分和盐度的制约。设计模型时，不仅要考虑元胞的类型特征，还要考虑不同类型元胞之间的景观生态过程的变化规则。具体做法是将土壤水分和盐度值及变化过程赋予元胞中，并结合元胞类型之间的转换关系，通过阈值控制模拟预测海滨湿地景观演变。具体程序设计如图 7-12 所示：当某个碱蓬沼泽栅格（元胞）的邻域中有芦苇沼泽和米草沼泽时，这个栅格的土壤水分和盐度就会变化；如果土壤水分和盐度的值突破碱蓬沼泽的阈值，碱蓬沼泽就会向芦苇沼泽或米草沼泽转变，如果其值仍在碱蓬沼泽阈值内，景观类型不发生变化。当某个光滩栅格（元胞）的邻域中有米草沼泽或碱蓬沼泽时，这个栅格的土壤水分和盐度就会发生变化，当其突破光滩的阈值后，光滩就会向米草沼泽或者碱蓬沼泽变化；如果其值仍在光滩的阈值范围内，景观类型就不发生变化。海滨湿地景观演变就是这样周而复始的过程。

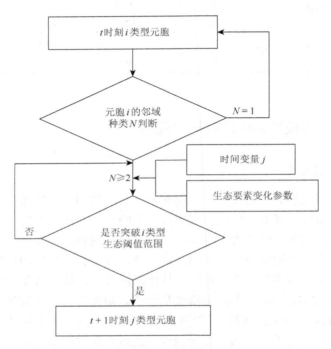

图 7-12　景观过程模型程序设计图

2. 模型构建方法

　　根据上述的设计思路，首先，在 ArcGIS 9.3 中，将所有的景观类型数据（A）、土壤盐度（B）、土壤水分（C）数据，转化成 ASCII 格式，再以矩阵 A、B、C 的形式导入 MATLAB 中；并根据表 7-1 和表 7-2 设置人工管理区和自然条件区海滨湿地景观生态过程变化值 $[x1, x2, x3, \cdots]$ 和 $[X1, X2, X3, \cdots]$。进一步根据图 7-12，采用八邻规则，判断不同景观类型的邻域关系，元胞邻域在此分为以下几种情况（以碱蓬沼泽为例）：矩阵的第一行是碱蓬沼泽的元胞；矩阵的最后一行是碱蓬沼泽的元胞；矩阵的第二行到倒数第二行是碱蓬沼泽的元胞三种类型。每一种类型又包括了第一列为碱蓬沼泽的元胞；最后一列为碱蓬沼泽的元胞；第二列到倒数第二列为碱蓬沼泽的元胞三种情况。在分析元胞邻域类型的基础上，根据阈值、土壤盐度和土壤水分的变化速率和时间变量判断元胞的变化。在 MATLAB 中构建景观演变函数 computeparameter，具体见附录（以第一行为碱蓬沼泽元素为例）：

函数 computeparameter 仅考虑了静态的变化，景观演变需要时间上的连续变化，在这里设置一个循环语句，以实现时间上的连续变化。在函数 computeparameter 的基础上，设置函数 repatecompute，语句如下：

```
function [EndA, EndB, EndC]=repatecompute(A,B,C,Year,x1,x2,
x3,x4,x5,x6,…)
c=length(Year);
for i=1:c
year=Year(i);
[NewA,NewB,NewC]=computeparameter(A,B,C,year,x1,x2,x3,x
4,x5,x6,…);
A=NewA;
B=NewB;
C=NewC;
end
EndA=NewA;
EndB=NewB;
EndC=NewC;
end
```

将模拟结果与已解译好的景观类型图进行比较，反复验证，调整相关参数，确立函数模型。然后，在实际操作中，只需要直接调用函数 repatecompute 即可实现景观模拟和预测。

```
load 初始年份景观矩阵;
A=初始年份景观矩阵;
load 初始年份土壤盐度矩阵;
B=初始年份土壤盐度矩阵;
load 初始年份土壤水分矩阵;
C 初始年份土壤水分矩阵;
Year=[时间长度];
X1=生态要素变化速率 1;
X2=生态要素变化速率 2;
X3=生态要素变化速率 3;
```

X4=生态要素变化速率 4；

X5=生态要素变化速率 5；

X6=生态要素变化速率 6；

⋮

[EndA,EndB,EndC]=repatecompute(A,B,C,Year,x1,x2,x3,x4,
x5,x6,…)

将 MATLAB 中生成的矩阵 EndA、EndB、EndC 加上头文件，以 ASCII 格式导入 ArcGIS 中，其中景观类型矩阵以整数型将其转换成 grid 图像，而土壤水分和盐度图以浮点型将其转换成 grid 图像，这样就可以实现景观模拟的空间显示，得到海滨湿地景观模拟图和土壤水分与盐度预测图。

7.2 海滨湿地景观模拟

海滨湿地景观模型模拟，关键问题是参数设置。在参数设置的基础上，直接运行 repatecompute 函数即可实现景观模拟。首先以 2006 年的数据模拟 2011 年的景观，然后运用相同的参数，以 2000 年的数据为基础模拟 2006 年的景观。通过模拟结果与真实景观的比较，一方面验证参数的可行性，另一方面也可以确定参数的普适性，具体做法如下。

7.2.1 海滨湿地景观演变规则

根据海滨湿地景观演变阈值范围，确定海滨湿地景观演变的判别矩阵$[W_1, W_2, W_3, W_4, W_5, W_6, W_7]$ = [0.5325%, 0.8866%, 42.2824%, 26.4158%, 55.3316%, 33.1132%, 48.6342%]。即碱蓬沼泽的邻域为芦苇沼泽时，当土壤盐度值小于 W_1，而且土壤水分值小于 W_3 时，就会转变为芦苇沼泽；碱蓬沼泽的邻域为米草沼泽时，当土壤盐度值大于 W_2，而且土壤水分值大于 W_4 小于 W_5 时，就会转变为米草沼泽；光滩的邻域为米草沼泽时，当土壤盐度值大于 W_2，而且土壤水分值大于 W_4 小于 W_5 时，就会转变为米草沼泽；光滩的邻域为碱蓬沼泽时，土壤盐度值大于 W_1 小于 W_2，而且土壤水分值大于 W_6 小于 W_7 时，就会转变为碱蓬沼泽。

人工管理区与自然条件区景观演变的区别在于景观生态过程变化速率的差异。在此，设 $x1$、$x2$、$x3$ 分别为人工管理区碱蓬沼泽向芦苇沼泽、碱蓬沼泽向米草沼泽、光滩向米草沼泽演变时土壤盐度的变化速率；$x4$、$x5$、$x6$ 分别为人工管理区碱蓬沼泽向芦苇沼泽、碱蓬沼泽向米草沼泽、光滩向米草沼泽演变时土壤水分的变化速率。设 $X1$、$X2$、$X3$、$X4$ 分别为自然条件区碱蓬沼泽向芦苇沼泽、碱蓬沼泽向米草沼泽、光滩向米草沼泽演变、光滩向碱蓬沼泽演变时土壤盐度的变化速率，$X5$、$X6$、$X7$、$X8$ 分别为自然条件区碱蓬沼泽向芦苇沼泽、碱蓬沼泽向米草沼泽、光滩向米草沼泽、光滩向碱蓬沼泽演变时土壤水分的变化速率。

7.2.2　海滨湿地景观演变模型参数选择

实际模拟过程中，人工管理模式下，2000～2011 年主要演变序列为：光滩→米草沼泽、碱蓬沼泽→米草沼泽、碱蓬沼泽→芦苇沼泽。模型构建中需要采用土壤水分和盐度组合判断矩阵$[W_1, W_2, W_3, W_4, W_5]$和土壤水分和盐度组合变化速率$[x1, x2, x3, x4, x5, x6]$。在自然条件下，2000～2006 年的景观演变过程中，存在着光滩→碱蓬沼泽的演变序列，所以，运用 2000 年数据模拟 2006 年的景观时，其模型构建中需要采用土壤水分和盐度组合判断矩阵$[W_1, W_2, W_3, W_4, W_5, W_6, W_7]$和土壤水分和盐度组合变化速率$[X1, X2, X3, X4, X5, X6, X7, X8]$。而在 2006～2011 年，自然条件下景观演变只存在碱蓬沼泽→芦苇沼泽、碱蓬沼泽→米草沼泽、光滩→米草沼泽三个序列，所以，在模型构建中采用土壤水分和盐度判断矩阵$[W_1, W_2, W_3, W_4, W_5]$和土壤水分和盐度变化速率矩阵$[X1, X2, X3, X5, X6, X7]$。

7.2.3　海滨湿地景观模拟结果

景观演变判断矩阵的值是固定不变的，关键是根据表 7-1 和表 7-2 确定的范围调整土壤水分和盐度的变化速率。具体做法如下。

首先，以 2006 年的数据为基础数据，反复调试参数值，模拟 2011 年的海滨湿地景观。确定北部人工管理区的关键生态要素变化速率矩阵为$[x1, x2, x3, x4, x5, x6] = [-0.010\%, 0.052\%, 0.050\%, -0.100\%, 0.800\%, 0.230\%]$；南部自然条件区的关键生态要素变化速率矩阵为$[X1, X2, X3, X5, X6, X7] = [-0.007\%, 0.085\%, 0.300\%, -0.250\%, 1.500\%, -3.500\%]$。

其次，以 2000 年的数据为基础数据，将确定好的参数值代入函数模型中，模拟 2006 年的景观图。由于在自然条件区 2000～2006 年的景观演变中存在着光滩→碱蓬沼泽演变的序列，将土壤水分和盐度变化速率组合矩阵调整为$[X1, X2, X3, X4, X5, X6, X7, X8] = [-0.007\%, 0.085\%, 0.300\%, 0.125\%, -0.250\%, 1.500\%, -3.500\%, -4.600\%]$。如果 2006 年的模拟也达到一个比较理想的结果，说明参数设置合理，否则需要重新调整参数值。通过人工管理区和自然条件区土壤水、盐变化速率的比较，可以发现：人工管理区碱蓬沼泽向芦苇沼泽演变时土壤水分和盐度变化速率的绝对值明显高于自然条件区；而碱蓬沼泽和光滩向米草沼泽演变时土壤水分和盐度变化速率的绝对值明显低于自然条件区。

最后，将确定好的判断矩阵值代入函数 computeparameter 中，将土壤水分和盐度变化速率组合矩阵代入函数 repatecompute 中，输入以年为单位的时间变量，运行函数 repatecompute。输出景观类型矩阵，并为其加上头文件，以 ASCII 的形式导入 ArcGIS 中，转换成 grid 图像，可以生成景观类型模拟图，结果如图 7-13 和图 7-14 所示。

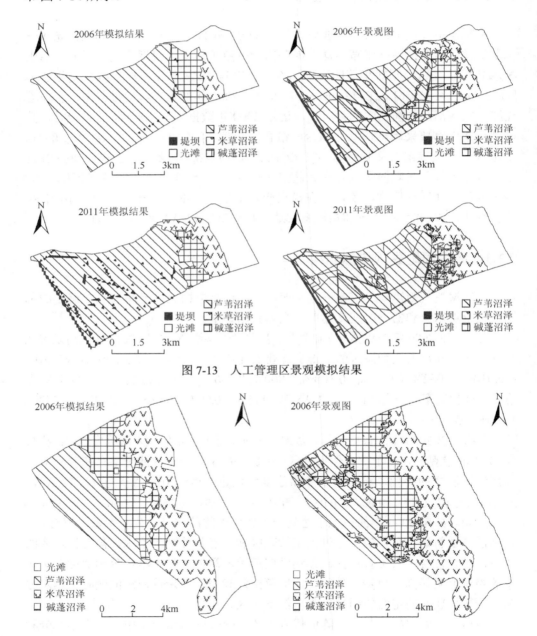

图 7-13　人工管理区景观模拟结果

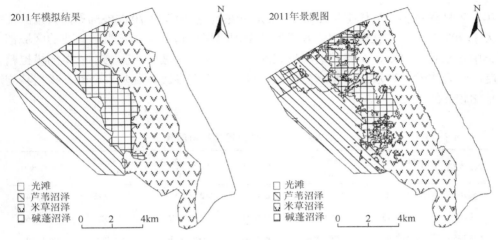

图 7-14　自然条件区景观模拟结果

7.3　模型精度评价

模型精度分析是评判一个模型准确与否的关键步骤。海滨湿地景观模型模拟精度评价采用总体精度、Kappa 系数和一致性分析来检验模型的精度。

7.3.1　总体精度分析

总体精度根据海滨湿地景观模拟的结果与实际的景观图进行对比分析所得，等于模拟结果中正确区域的面积除以景观总面积。

$$E_a = \frac{\sum_{k=1}^{n} M_k}{P} \times 100\% \tag{7-2}$$

式中，E_a 为总体模拟精度；M_k 为某一类型景观 k 被正确模拟的面积；n 为景观类型的数量；P 为景观总面积。

总体精度检验结果显示（表 7-3 和表 7-4）：在北部人工管理区，2006 年和 2011 年的总体模拟精度分别达到了 84.8604% 和 87.5984%，总体上 2011 年的模拟精度要高于 2006 年的模拟精度，其中 2006 年碱蓬沼泽和米草沼泽的模拟精度偏低一些；如果除去堤坝对模拟结果的影响，2006 年和 2011 年总体模拟精度将分别达到 89.3981% 和 90.2453%，模拟精度基本接近。在南部自然条件区，2006 年和 2011 年的总体模拟精度分别为 85.8942% 和 90.6610%，2011 年的模拟效果要好于 2006

年，各种景观类型的模拟精度除了 2006 年的碱蓬沼泽为 70.0688%外，其余的都大于 80%。进一步比较发现，几乎所有景观模拟值与真实值发生不一致的区域都集中在景观交错带，交错带边缘形状的复杂及斑块的破碎化影响了模型的模拟精度。综合来看，通过总体精度分析，可以认为模型参数设置基本合理，模型精度是比较高的。

表 7-3　人工管理区景观模拟精度

景观类型	2006 年模拟/hm²	2006 年实际/hm²	模拟精度/%	2011 年模拟/hm²	2011 年实际/hm²	模拟精度/%
堤坝	21.5970	250.7839	6.0065	212.2791	242.7296	43.3534
光滩	887.8213	764.4600	99.0750	705.7996	721.5524	91.6446
芦苇沼泽	3491.3280	3078.1294	97.1343	3387.5736	3293.7990	96.1610
米草沼泽	244.5471	406.6435	50.7862	494.7352	654.5531	64.0202
碱蓬沼泽	549.4068	694.6834	63.2449	394.3048	282.0582	70.0478
总体精度			84.8604%			87.5984%

表 7-4　自然条件区景观模拟精度

景观类型	2006 年模拟/hm²	2006 年实际/hm²	模拟精度/%	2011 年模拟/hm²	2011 年实际/hm²	模拟精度/%
光滩	3288.5143	3078.1567	94.6628	2694.0422	2673.3120	94.7453
芦苇沼泽	2577.7090	2451.3892	92.5643	2995.8412	2963.7820	95.1892
米草沼泽	3181.0869	2936.2188	85.6957	3684.2799	3891.3023	87.6937
碱蓬沼泽	2120.3760	2701.9215	70.0688	1793.5129	1639.2799	82.8573
总体精度			85.8942%			90.6610%

7.3.2　Kappa 系数分析

　　Kappa 系数是评价模型模拟精度的常用指标，能够从保持数量和位置两方面的能力来评价景观综合信息的变化。它是通过将模拟结果图与真实景观图进行叠加，构建两幅图的景观概率转移矩阵所得（表 7-5）。Kappa 值小于 0 时，说明模拟结果与真实值很不一致，模拟结果毫无意义；Kappa 值大于 0 时，模拟结果才有意义，而且值越大，说明模拟结果与真实情况的一致性越好，当 Kappa 值为 1 时，说明模拟结果与真实值完全一致；一般来说，当 Kappa 值小于 0.4 时，说明模拟结果与真实值的一致性不够理想，当 Kappa 值大于 0.7 时，可以认为模拟结果与真实值的一致性达到了一个相当满意的程度，如表 7-6 所示（Landis and Koch，1997；Monserud and Leemans，1992）。

$$k = \frac{\sum_{i=1}^{n} P_{ii} - \sum_{i=1}^{n} S_i R_i}{\sum_{i=1}^{n} R_i^2 - \sum_{i=1}^{n} S_i R_i} \tag{7-3}$$

式中，k 为 Kappa 系数；P_{ii} 为景观模拟图与真实景观图类型一致部分的比重；n 为景观类型的数量；$S_i R_i$ 为景观模拟图与真实图的期望值；R_i 为景观模拟图对于真实景观图的变化程度，如果模拟图与真实图完全相同，R_i 之和等于 1。

表 7-5　景观模拟图与真实图的概率转移矩阵

真实景观	模拟景观				
	$A1$	$A2$	$\cdots$	An	合计
$A1$	P_{11}	P_{12}	$\cdots$	P_{1n}	$S1 = \mathrm{SUM}(P_{1i})$
$A2$	P_{21}	P_{22}	$\cdots$	P_{2n}	$S1 = \mathrm{SUM}(P_{2i})$
$\cdots$	$\cdots$	$\cdots$	$\cdots$	$\cdots$	$\cdots$
An	P_{n1}	P_{n2}	$\cdots$	P_{nn}	$S1 = \mathrm{SUM}(P_{3i})$
合计	$R1 = \mathrm{SUM}(P_{i1})$	$R2 = \mathrm{SUM}(P_{i2})$	$\cdots$	$R3 = \mathrm{SUM}(P_{i3})$	1

表 7-6　Kappa 系数分级

Kappa 值	评价	Kappa 值	评价
＜0.40	失败	0.70～0.85	很好
0.40～0.60	一般	＞0.85	非常好
0.60～0.70	好		

布仁仓等从量化数量与位置错误的角度进一步丰富了 Kappa 系数的类型，如表 7-7 所示（布仁仓等，2005）。导致数量错误的原因是模拟图景观类型百分比与真实图之间存在差异；导致位置错误的原因是同一类型的景观在模拟图和真实图之间存在空间错位。在景观模拟过程中，将景观类型面积的保持能力分为三个级别：NQ（无），即景观模拟过程中，无法在景观类型面积比重上保持与真实景观的一致性，景观类型空间上随机分布，各类型比重相同；PQ（安全），即景观模拟过程中，在景观类型面积比重上与真实的景观保持完全一致；MQ（中等），介于 NQ 与 PQ 之间。景观类型保持空间位置的能力也分为三个等级：NL（无），即在模拟过程中无法保持真实景观类型的空间位置，完全随

机分布；PL（完全），即在模拟过程中与真实景观在空间位置上完全一致；ML（中等），介于 NL 与 PL 之间。在此基础上，延伸了 Kappa 系数的类型：包括标准 Kappa 系数［式（7-4）］，即评价景观信息综合变化，景观模拟过程中具有中等保持数量的能力，没有保持空间位置的能力；随机 Kappa 系数［式（7-5）］，即评价景观信息综合变化，景观模拟过程中同时不具备保持数量和空间位置的能力；位置 Kappa 系数［式（7-6）］，即评价空间位置信息的变化，景观模拟过程中以 NQNL（同时不具备保持数量和空间位置的能力）为期望值，但是以 MQPL（具有中等保持数量的能力和完全保持空间位置的能力）为真实值；数量 Kappa 系数［式（7-7）］，即评价景观数量信息的变化，以 NQML（具有中等能力的保持空间位置的能力，但没有保持数量的能力）作为期望值，以 PQML（具有完全保持数量的能力和中等保持空间位置的能力）作为真实值（布仁仓等，2005）。

表 7-7　保持数量与位置能力分类

保持数量能力	保持位置能力		
	NL	ML	PL
NQ	$1/n$	$(1/n) + K_{\text{location}} \times [\text{NQPL}-(1/n)]$	$\sum\limits_{i=1}^{n} \min[(1/n), R_i]$
MQ	$\sum\limits_{i=1}^{n} S_i R_i$	$\sum\limits_{i=1}^{n} P_{ii}$	$\sum\limits_{i=1}^{n} \min(S_i, R_i)$
PQ	$\sum\limits_{i=1}^{n} R_i^2$	$\text{PQNL} + K_{\text{location}} \times (1-\text{PQNL})$	1

$$K_{\text{standard}} = \frac{\sum\limits_{i=1}^{n} P_{ii} - \text{MQNL}}{1 - \text{MQNL}} \qquad (7\text{-}4)$$

$$K_{\text{no}} = \frac{\sum\limits_{i=1}^{n} P_{ii} - \text{NQNL}}{1 - \text{NQNL}} \qquad (7\text{-}5)$$

$$K_{\text{location}} = \frac{\sum\limits_{i=1}^{n} P_{ii} - \text{MQNL}}{\text{MQPL} - \text{MQNL}} \qquad (7\text{-}6)$$

$$K_{\text{quantity}} = \frac{\sum\limits_{i=1}^{n} P_{ii} - \text{NQML}}{\text{PQML} - \text{NQML}} \qquad (7\text{-}7)$$

通过对模型的 Kappa 检验（表 7-8），得出：从 $K_{standard}$ 综合信息变化看，人工管理区的值都大于 0.7，如果不将人工管理区的堤坝变化考虑在内，人工管理区 2006 年和 2011 年的 $K_{standard}$ 值将升至 0.8102 和 0.8255，自然条件区 $K_{standard}$ 值都大于 0.8。模型如果在具有中等保持景观类型数量的情况下，比较 2006 年和 2011 年的真实景观，人工管理区模拟结果中空间信息分别丢失了 18.92% 和 17.45%；自然条件区空间信息分别丢失 18.87% 和 12.75%。从 K_{no} 综合信息变化看，人工管理区和自然条件区的值都大于 0.8，同样如果不将人工管理区的堤坝变化考虑在内，人工管理区 2006 年和 2011 年的 K_{no} 值将升至 0.8675 和 0.8781。模型如果在不具备保持景观类型数量和空间位置信息的能力情况下，比较 2006 年和 2011 年的真实景观，人工管理区模拟结果中空间信息分别丢失了 13.25% 和 12.19%；自然条件区空间信息分别丢失 18.81% 和 12.45%。从 $K_{location}$ 空间位置信息变化看，人工管理区和自然条件区的值都在 0.8 以上。模型如果在具备保持景观类型数量的情况下，比较 2006 年和 2011 年的真实景观，人工管理区模拟结果中空间信息分别丢失了 10.57% 和 16.54%；自然条件区空间信息分别丢失 12.80% 和 10.48%。从 $K_{quantity}$ 景观类型数量信息变化看，2006 年人工管理区和自然条件区的值都大于 0.7，比较 2006 年的真实景观，表明景观模拟中人工管理区和自然条件区分别有 21.61% 和 24.13% 的面积发生变化；2006 年人工管理区和自然条件区的值都在 0.9 以上，比较 2011 年的真实景观，表明景观模拟中人工管理区和自然条件区分别有 8.26% 和 7.38% 的面积发生变化。综合 Kappa 系数分析的结果可以发现，景观模拟结果与真实景观一致性达到了相当满意的结果，模型参数设置基本合理，模型精度较高。

表 7-8　景观模型 Kappa 检验

Kappa 系数类型	Kappa 系数的值			
	人工管理区		自然条件区	
	2006 年	2011 年	2006 年	2011 年
$K_{standard}$	0.7290	0.7744	0.8113	0.8725
K_{no}	0.8108	0.8450	0.8119	0.8755
$K_{location}$	0.8943	0.8346	0.8720	0.8952
$K_{quantity}$	0.7839	0.9174	0.7587	0.9262

7.3.3　一致性分析

多种类型的 Kappa 系数分别从位置、数量、偶然性及综合信息等单方面分析景观模拟的精度，但是缺乏对整个模拟区域中由空间位置、数量与偶然因子等因素引起的一致率和变化率的解释。而一致性分析是将这些单要素进行综合，统计出景观模拟区域的一致率和变化率的综合信息。景观模拟过程中，在不考虑景观类型面积比重和空间位置的前提下，景观模拟过程中，景观类型在空间上是随机分布的，每一种景观类型出现的概率等于 $1/n$（景观类型数的倒数），称为偶然一致率。随着景观类型的增多，偶然一致率降低。景观模拟中如果不考虑保持空间位置的能力，数量的一致率为（MQNL-NQNL），数量变化率为（PQPL-MQPL）；景观模拟中如果考虑保持景观类型数量的能力，空间位置的一致率为（$\sum_{i=1}^{n} P_{ii}$ -MQNL），空间位置变化率为（MQPL-$\sum_{i=1}^{n} P_{ii}$）。通过对 2006 年和 2011 年景观模拟图与真实图的比较分析，得出了 2006 年和 2011 年景观模拟值与真实景观的一致率与变化率，如图 7-15 所示。

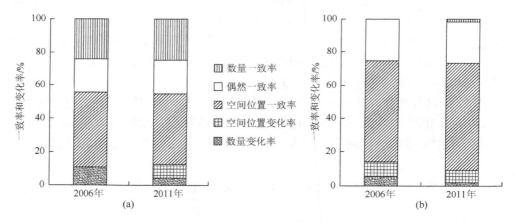

图 7-15　人工管理区（a）与自然条件区（b）景观模拟值与实际值的一致率和变化率

将 2006 年与 2011 年的模拟结果与实际值进行对比（图 7-15）可以得出：人工管理区 2006 年和 2011 年的一致率分别为 89.40% 和 87.60%；其中空间位置一致率在整个一致率中的比重最大，分别为 45.26% 和 42.56%；偶然一致率都为 20%；数量一致率分别为 24.14% 和 25.04%；变化率分别 10.60% 和 12.40%。自然条件区 2006 年和 2011 年的一致率分别为 86.17% 和 90.66%；其中空间位置一致率分别为 60.92% 和 63.91%；偶然一致率都为 25%；数量一致率分别为 0.25% 和 0.75%；变化率分别为 13.83% 和 9.34%。由此可以判断，在海滨湿地景观模拟过程中，空间位置一致率决定了整个景观的一致率。另外，一致性分析还可以根据分析结果，检验模型的不足之处，为以后模型的完善提供参考依据。根据图 7-15 的一致性结果，可以看出，只要提高保持空间位置的能力，2011 年人工管理区和自然条件区的景观模拟一致率分别可提高 1.85%和 3.97%；只要提高保持景观类型数量的能力，景观一致性可分别提高 7.49%和 8.43%。通过一致性分析，结果表明，景观模拟模型参数设置是合理的，模拟结果符合实际情况，模型精度较高。

7.4　小　　结

本章在确定海滨湿地土壤水、盐阈值和变化规律的基础上，运用 GIS-MATLAB-CA 集成技术，构建景观过程模型，分别利用 2000 年数据模拟 2006 年景观，2006 年数据模拟 2011 年景观，并对其进行模型精度检验，结果如下。

（1）根据景观变化规则，以海滨湿地景观类型图、土壤水分和盐度空间分异图为基础，以土壤水分和盐度阈值及其变化速率为参数，利用 GIS 规则，结合元胞自动机模型，在 MATLAB 中编写程序，构建海滨湿地景观过程模型。

（2）设置参数，运行景观过程模型，对海滨湿地 2006 年和 2011 年海滨湿地景观进行模拟。并对 2006 年和 2011 年的景观模拟结果进行总体精度、Kappa 系数和一致性检验，结果如下：总体精度检验显示，在北部人工管理区，2006 年和 2011 年的总体模拟精度分别达到了 84.8604%和 87.5984%；在南部自然条件区，2006 年和 2011 年的总体模拟精度分别为 85.8942%和 90.6610%，通过总体精度分析，可以认为模型参数设置基本合理，模型精度较高。Kappa 检验显示：$K_{standard}$、K_{no}、$K_{location}$、$K_{quantity}$ 不同类型值在人工管理区和自然条件区都在 0.7 以上，而且大部分值在 0.8 以上，说明模拟结果较好，可以认定模型参数设置基本合理，模型能够有效模拟海滨湿地景观变化。一致性检验结果显示，人工管理区 2006 年和 2011 年的一致率分别为 89.40%和 87.60%，其中空间位置一致率在整个一致率中的比重最大，分别为 45.26%和 42.56%；自然条件区 2006 年和 2011 年的一致率分别为 86.17%和 90.66%；其中空间位置一致率分别为 60.92%和 63.91%，说明在海滨湿地景观模拟过程中，空间位置一致率决定了整个景观的一致率，符合实际情况，景观模型参数设置是合理的。

第8章 海滨湿地景观情景模拟预测

海滨湿地景观过程模型的构建，可以对海滨湿地景观进行模拟预测。但是，单纯的海滨湿地景观模拟只是机械地回答了"海滨湿地将来会怎么样"，却不能回答"如果发生了……将来可能会……"的问题，需要运用情景分析方法来解决这一问题。情景分析方法，是 20 世纪 80 年代以后发展起来的一种辅助决策方法，用于解决资源、生态环境及区域发展中遇到的问题，多用于以实现持续发展为目标的区域规划与生态环境管理实践。目前情景分析方法主要应用于能源、低碳经济、土地利用、气候变化、生物保护、决策管理等领域，其中土地利用变化的情景分析与模拟是国内目前研究的热点领域，对海滨湿地情景分析研究较少；而且，目前的研究多以大区域、流域的尺度为研究对象，以小尺度区域为对象的研究较少。鉴于此，本书选择小尺度盐城典型淤泥质海滨湿地区为研究案例，运用情景分析与模拟方法，从生态保护与可持续发展的角度，探讨不同情景下，海滨湿地景观未来的状况，为海滨湿地保护提供参考。

8.1 海滨湿地景观情景模拟方法

8.1.1 海滨湿地景观情景设计原则

海滨湿地景观情景设计的原则，包括以下四个方面：第一，以尊重事实为依据，尤其需要遵循海滨湿地景观基本的演变趋势，即景观带呈南北带状延伸、东西更替，光滩向米草沼泽、碱蓬沼泽向芦苇沼泽、碱蓬沼泽向米草沼泽的演变序列；第二，以研究区历史时期的湿地保护状态和管理模式为参照，尤其是要尊重人工管理区和自然条件区管理模式的差异，且不能改变研究区的范围；第三，以保护生物多样性及珍稀物种为原则，维持研究区的原生状态，以可持续发展为目标，充分发挥海滨湿地在生物多样性保护中的作用；第四，严格执行保护区的规划，为了保护在研究区内越冬、中转、繁殖和栖息的珍稀动物，必须确保有足够的栖息地，规定在海堤向东 350m 为界以东区域内作为绝对保护区，不得从事任何开发活动。以上述原则为依据，在盐城海滨湿地区设置三种情景模式，分别是现状模式（情景Ⅰ）、生态恢复模式（情景Ⅱ）和保护本地物种碱蓬模式（情景Ⅲ），预测未来海滨湿地景观演变趋势。

8.1.2 海滨湿地景观情景模拟数据来源

海滨湿地景观情景模拟，以 2000 年、2006 年和 2011 年的数据为基础数据，结合不同的情景条件，设置不同的起始条件，具体采用哪些数据将在每一种情景预测中具体描述。依据基础数据，结合情景条件，模拟预测不同情景下的海滨湿地景观演变结果，并根据设置的情景条件与模拟预测的结果，提出相应的管理调控对策。基础数据具体处理方法为：将 2000 年、2006 年和 2011 年海滨湿地景观类型数据与土壤水分和盐度的空间数据，在 ArcGIS 9.3 中运用 Conversion Tools 先转换成 grid 格式，然后再将 grid 数据转换成 ASCII 格式，最后以矩阵的形式导入 MATLAB 中。

8.1.3 海滨湿地景观情景模拟流程

根据情景条件设计，以海滨湿地景观类型图和土壤水、盐空间分布图为基础，依托海滨湿地景观过程模型，制定海滨湿地情景模拟流程图，如图 8-1 所示。

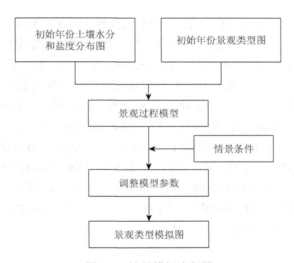

图 8-1 情景模拟流程图

构建海滨湿地景观情景模拟的框架，首先确定情景模拟的相关条件及初始年份，选择基础数据。然后，依据情景条件，确立元胞之间新的转换规则，关键是景观生态过程变化规则，设置参数。最后，利用新的转换规则，进行情景模拟预测。

8.2　现状模式（情景Ⅰ）

8.2.1　情景设计

情景Ⅰ的设计根据 2000 年、2006 年和 2011 年研究区 ETM+影像叠加分析，确定景观类型演变规律及景观生态过程变化规律。从 2011 年景观图上可以看出，各景观类型在空间上是完全衔接的，也就是在景观图上存在 3 个交错带，分别是芦苇-碱蓬沼泽交错带、米草-碱蓬沼泽交错带、光滩-米草沼泽交错带。基于 3 个交错带，在景观模拟预测中确定只存在 3 个景观演变序列，分别是碱蓬沼泽→芦苇沼泽、碱蓬沼泽→米草沼泽、光滩→米草沼泽。情景Ⅰ就是按照海滨湿地历史时期的景观演变状况，不附加情景条件，维持现有的演变模式，按照第 6 章和第 7 章确定好的转换阈值与土壤水分和盐度变化的速率来确定演变模式。

8.2.2　基础数据

情景Ⅰ的基础数据选择以 2011 年为初始条件（图 8-2 和图 8-3）。在模型构建中，以土壤水分和盐度矩阵为判断矩阵，以土壤水分和盐度变化速率作为生态过程数据。在此基础上，调用第 7 章的 repatecompute 函数，即可实现景观模拟预测。

模型构建中，人工管理区土壤水分和盐度变化速率矩阵为$[x_1, x_2, x_3, x_4, x_5, x_6]=[-0.010\%, 0.052\%, 0.050\%, -0.100\%, 0.800\%, 0.230\%]$；自然条件区土壤水分和盐度变化速率矩阵为$[X_1, X_2, X_3, X_4, X_5, X_6, X_7, X_8]=[-0.007\%, 0.085\%, 0.300\%, 0.000\%, -0.250\%, 1.500\%, -3.500\%, 0.000\%]$；土壤水分和盐度判断矩阵为$[W_1, W_2, W_3, W_4, W_5]=[0.5325\%, 0.8866\%, 42.2824\%, 26.4158\%, 55.3316\%]$。将参数代入 MATLAB 函数 repatecompute 中，进行模拟，可以生成景观类型矩阵系列和土壤水分和盐度矩阵系列，然后再在 ArcGIS 中将其转为 grid 图像，结果详见 8.2.3 节图 8-4～图 8-9。

8.2.3　模拟结果

1. 人工管理区模拟结果

从图 8-6 的景观演变模拟系列中可以看出：2011～2025 年，人工管理区景观演变呈现芦苇沼泽和米草沼泽扩张，碱蓬沼泽面积减少的过程。至 2020 年，芦

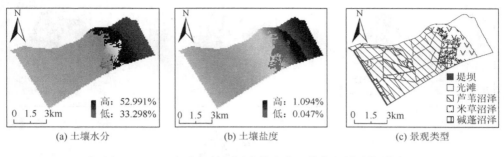

(a) 土壤水分　　　　　　　　(b) 土壤盐度　　　　　　　　(c) 景观类型

图 8-2　2011 年人工管理区土壤水分、盐度和景观类型图

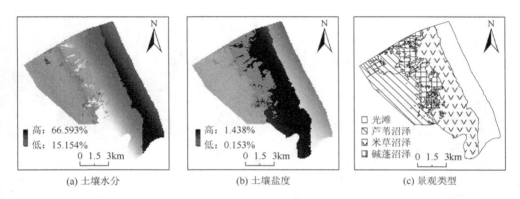

(a) 土壤水分　　　　　　　　(b) 土壤盐度　　　　　　　　(c) 景观类型

图 8-3　2011 年自然条件区土壤水分、盐度和景观类型图

苇沼泽的比重从 2011 年的 61.093%上升至 65.345%，增加了 6.960%；米草沼泽的比重由 12.127%上升至 16.038%，增加了 32.250%；碱蓬沼泽的比重由 5.221%下

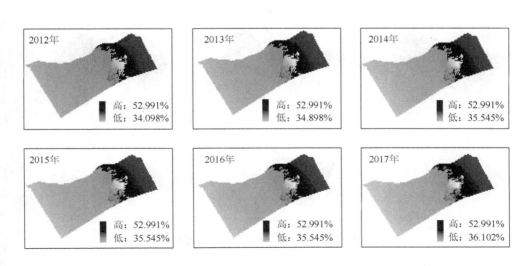

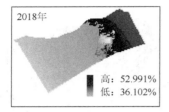 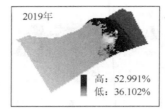 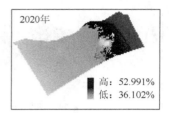

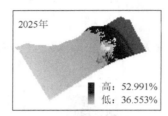

图 8-4　人工管理区情景Ⅰ土壤水分系列

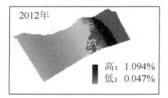 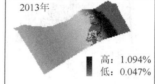 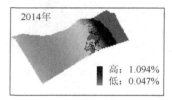

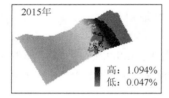 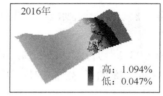 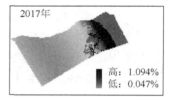

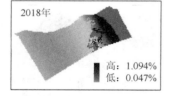 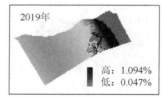 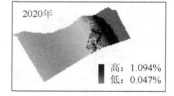

图 8-5　人工管理区情景Ⅰ土壤盐度系列

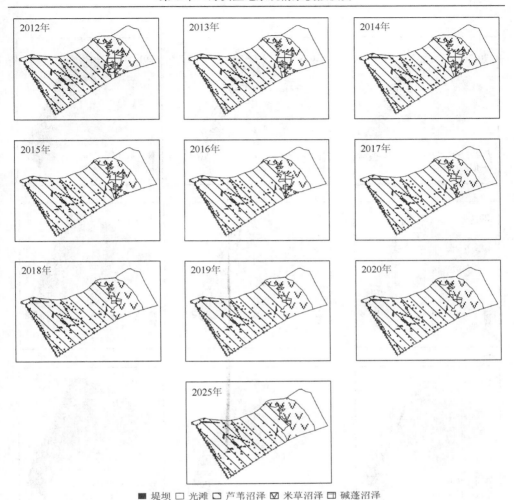

■ 堤坝 □ 光滩 ▨ 芦苇沼泽 ▨ 米草沼泽 ▥ 碱蓬沼泽

图 8-6   人工管理区情景 I 景观模拟系列

降至 0.963%，减少了 81.555%。至 2025 年，芦苇沼泽的面积比重上升到 65.556%，米草沼泽的面积比重上升至 17.578%，碱蓬沼泽的面积比重下降至 0.347%，从图 8-6 上可以看出只剩下零星的斑块，处于消失的边缘。

2. 自然条件区模拟结果

从图 8-9 的景观演变模拟系列中可以看出：2011～2025 年，自然条件区碱蓬沼泽向芦苇沼泽演变非常缓慢；而米草沼泽扩张速度较快，碱蓬沼泽面积急剧减少。至 2020 年，芦苇沼泽（包括水塘）面积比重从 2011 年的 26.140%上升到 28.916%，增加了 10.620%；米草沼泽面积比重由 2011 年的 34.466%上升到 51.987%，

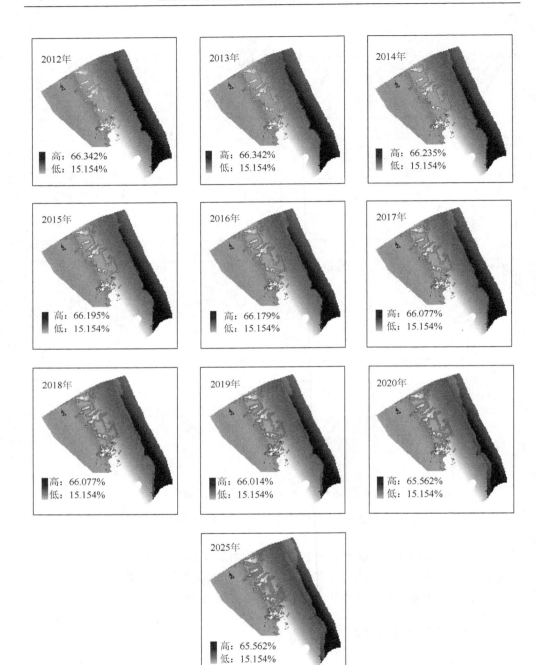

图 8-7　自然条件区情景 I 土壤水分系列

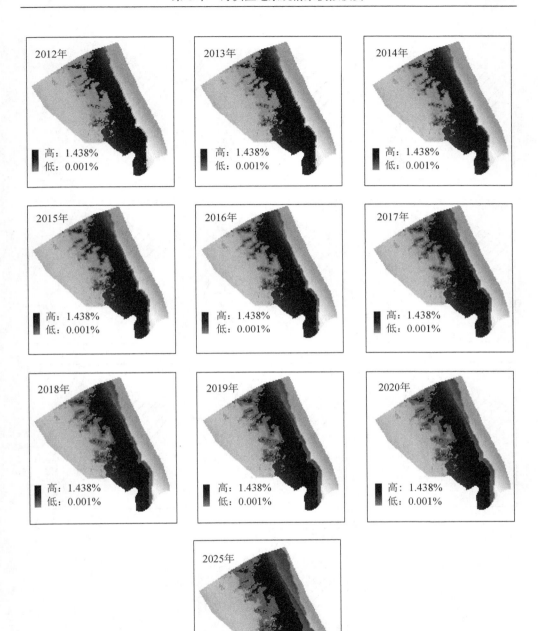

图 8-8　自然条件区情景Ⅰ土壤盐度系列

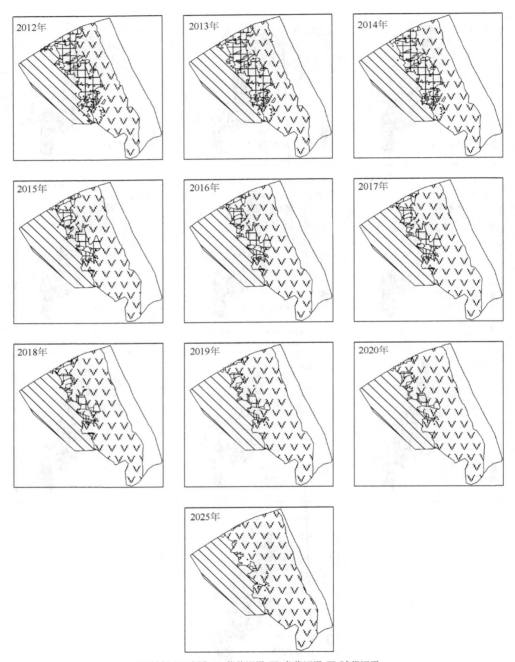

　　■ 堤坝 □ 光滩 ◹ 芦苇沼泽 ⊠ 米草沼泽 ⊞ 碱蓬沼泽

图 8-9　自然条件区情景 I 景观模拟系列

增加了 50.836%；碱蓬沼泽的面积比重由 2011 年的 14.414%下降到 2.123%，减少了 85.271%。到 2025 年，芦苇沼泽的面积比重上升至 28.988%，米草沼泽的面积比重上升至 59.964%，碱蓬沼泽面积比重只剩下 0.587%，至 2030 年碱蓬沼泽面积仅剩下 0.036%，碱蓬沼泽基本消失。

8.2.4　海滨湿地维护措施

维持海滨湿地按现状模式进行演变的最主要的措施就是避免人为干扰。

第一，围垦养殖活动的结果是加速海滨湿地生态系统向淡水生态系统转化，使得原来海滨湿地连续的生态过程遭到破坏；另外，由于渔业养殖需要投入大量的饲料和化学物质，对海滨湿地生态系统也是一种威胁。所以，不能进行新的围垦养殖活动，而且对养殖区，应该停止或者减少饲料和化学物质的投入，保持无污染无危害的水质环境，可以让珍禽、鸟类及其他动物健康安全地成长。

第二，封闭中路港道路，中路港道路的建设，方便了人类活动的进入，尤其是机动车可以畅通无阻直达海边，在无形中增加了人类对海滨湿地的干扰。另外，丹顶鹤是对外界环境特别敏感的动物，人类进入保护区即使不破坏环境，也会对丹顶鹤的生境产生影响。

第三，停止采挖沙蚕，沙蚕是一种鱼饵，主要出口韩国、日本，能够创造非常可观的经济利润。但是采挖沙蚕活动，导致许多地下有机体暴露在地表，严重损害了自然植被和生态系统。采挖沙蚕不利于丹顶鹤和其他鸟类的觅食活动。在自然条件区的中心地带有一个非常重要的黑嘴鸥栖息地，同时也是沙蚕采挖的集中地，采挖沙蚕会严重破坏的黑嘴鸥的生存环境。

第四，控制贝类的采集，主要是泥螺、蛤和螃蟹。按照采集大的，保留小的原则，不能一网打尽。贝类资源是丹顶鹤和其他涉禽的重要食物来源，如果过度采集，容易破坏生态系统的食物链。另外，螃蟹的采集主要通过构筑高度约 30cm 左右的篱笆墙，在不同地方放置塑料桶的方式，在南部自然条件区，已经延伸到中部碱蓬沼泽地，频繁的人类活动已经影响鸟类的生存环境；此外，篱笆墙在一定程度上起到了廊道阻碍作用。

第五，完善湿地保护的制度建设，包括管理制度、监督制度、法律法规、经济制度等。旨在通过科学的管理措施，完善的法律法规制度，做到有法可依、违法必究、执法必严，加大对保护区的经济投入，鼓励广大群众积极参与，为海滨湿地生态系统的可持续发展提供可靠的制度保障。

8.3　湿地生态恢复模式（情景Ⅱ）

8.3.1　人工管理区生态恢复模拟

1. 人工管理区情景设计

生态恢复是通过一定的人类活动，以恢复生态系统的结构、功能、生物多样性和动态演变特征为目标，使一个受到干扰或者状态已经完全改变的生态系统恢复到以前的或者未改变的状态。目前对研究区的干扰主要在北部人工管理区，具体的干扰方式为：修筑堤坝，引入淡水，滩涂湿地被淡水淹没，阻挡了潮汐的进退，加快了湿地土壤的脱盐进程，改变了原生生态系统。同时，自然植被的延续过程遭到破坏，打破了生态系统演变的自然程序，大面积的滩涂湿地转变为水域，使得獐的栖息地遭到破坏，面积大幅度缩小，而獐属于国家二级保护动物，在盐城海滨湿地内生境面临威胁。另外，深水养殖场在一定程度上有利于鸭、鹅等水禽的栖息，却不利于丹顶鹤等涉禽居住。为了保护自然环境和自然植被的连续性，保护獐、丹顶鹤等珍稀物种，有必要进行一定程度的生态恢复。生态恢复不仅需要停止筑堤垦挖，而且现有筑堤防护的区域应该逐渐恢复其原始状态，去除堤坝的阻碍，实现自然植被的连续性。人工管理区情景Ⅱ设计目的就是去除堤坝，消除其阻碍作用，通过一定的措施恢复到自然状态下的演变规律，尤其是碱蓬沼泽向芦苇沼泽的演变速率的恢复。

2. 基础数据

通过对 2000 年景观类型图的分析，发现 2000 年人工芦苇沼泽主要分布在原有的芦苇沼泽区内，还没有进行大面积的匡围碱蓬沼泽，从而增加芦苇沼泽的面积，所以，可以将北部人工管理区在 2000 年时去除堤坝的状态理解为是一种自然状态或者未受干扰的状态，按照此状态开始的演变可以理解为北部人工管理区在未受干扰状态下的自然演变。由于人工管理区和自然条件区海岸环境的差异，北部人工管理区开始受到侵蚀的影响，所以米草的促淤能力比南部自然条件区要弱，米草沼泽向海的扩张速率要比南部慢；另外，实施人工匡围与否，对米草沼泽向海扩张不直接产生作用，米草沼泽扩张速率的参数仍采用第 7 章人工管理模式下的结果。而要将北部人工管理状态恢复到自然演变状态，就需要将碱蓬沼泽向芦苇沼泽、碱蓬沼泽向米草沼泽的演变恢复到自然状态，参数采用自然条件下的演变参数。

因此，以 2000 年为起始年份（图 8-10），假设在人工管理区没有进行人工芦苇沼泽工程，完全按照自然状态演变，2011 年自然保护区北部应该是什么样的状况, 以及到 2020 年时的状态, 在这个基础上提出相应的措施。具体操作是, 首先, 将北部人工管理区生态过程参数设置为$[x1, x2, x3, x4, x5, x6]$=[−0.007%, 0.085%, 0.050%, −0.250%, 1.500%, 0.230%];$[W_1, W_2, W_3, W_4, W_5]$=[0.5325%, 0.8866%, 42.2824%, 26.4158%, 55.3316%]。然后, 在 MATLAB 中调用函数 repatecompute, 分别模拟 2011 年和 2020 年的状况, 生成新的景观类型矩阵和土壤水分和盐度矩阵, 最后再在 ArcGIS 中将其转为 grid 图像。

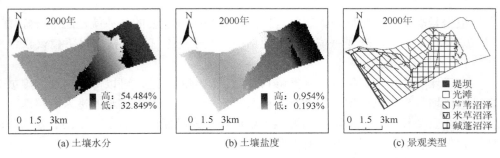

图 8-10　2000 年人工管理区土壤水分、盐度和景观类型图

3. 模拟结果

在生态恢复模式下, 人工管理区模拟结果较情景 I 碱蓬沼泽面积增加明显, 米草沼泽面积减少明显, 如图 8-11 所示。情景 II 下 2011 年芦苇沼泽面积比重为 58.125%, 比干扰状态下减少了 4.858%; 米草沼泽面积比重为 7.624%, 比干扰状态下减少了 37.132%; 碱蓬沼泽面积比重为 14.729%, 与南部自然条件区 2011 年

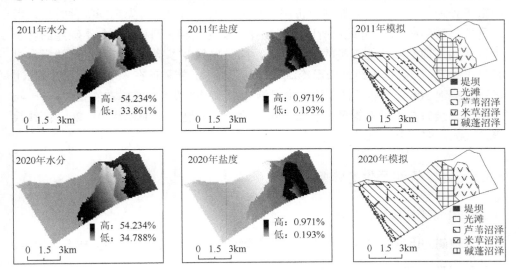

图 8-11　人工管理区情景 II 景观模拟结果

的比重接近（14.414%），比干扰状态下增加了182.11%。如果按照自然状态演变，北部人工管理区至2020年，景观结构将变为：芦苇沼泽、碱蓬沼泽、米草沼泽和光滩的面积比重分别为59.511%、11.244%、11.359%和14.613%，尤其是碱蓬沼泽比情景Ⅰ下增加了10.67倍，米草沼泽减少了29.174%。要将北部人工管理区的景观恢复到干扰前自然演变下的状态，就需要对其采取必要的人工恢复措施。

4. 人工管理区生态恢复措施

根据景观结构的对比，人工管理区生态恢复措施主要的任务就是通过去除堤坝、恢复碱蓬沼泽，改变海滨湿地景观结构。基于这个任务，提出以下建议。

1）去除堤坝的影响

为了保障在潮汐作用下海水能够自由地进出潮滩湿地，可以降低堤坝高度或者铲除堤坝，也可以采用闸门控制，引入海水的方法。通过海水的进入和消退，可以改变已经长期受淡水影响的湿地土壤环境，为碱蓬沼泽的发育提供必要的条件，尤其是创造碱蓬沼泽发育所需要的水盐条件。

2）碱蓬沼泽恢复

碱蓬在互花米草引种之前是盐城海滨湿地的先锋物种。碱蓬沼泽的恢复主要有两个途径：一是通过去除堤坝的影响，营造碱蓬沼泽发育的土壤水分和盐度条件，实现自然繁殖扩展，按照第6章所阐述的内容，碱蓬沼泽发育的条件是土壤盐度在0.5325%～0.8862%、土壤水分在33.1132%～48.6342%。二是人工培育碱蓬，人工培育碱蓬技术已经很成熟，可以实现四季播种。碱蓬人工栽培的步骤包括前期准备，对于海滨湿地而言要选择人工栽培的区域，并对潮滩湿地进行适当的整平处理，施一定量的腐熟有机肥，浇足底水。播种，首先选择播种时期，考虑丹顶鹤越冬在11月开始，所以选择在春末夏初播种，到秋季、冬季碱蓬的种子可以作为丹顶鹤及其他鸟类的食物来源，同时也保证了苗期温度要求；然后，进行种子处理，一般采用经过低温冷藏处理的隔年种，施种前在500mg/L的$KMnO_4$溶液中浸泡20min，然后换至清水中浸泡4h，每亩①按照1000g左右播种，3～4d可出苗。最后是生长期管理，包括间苗、除草、施肥等（邵秋玲等，2004；钱兵等，2000；张跃林，2006）。

8.3.2　自然条件区生态恢复模拟

1. 自然条件区情景设计

丹顶鹤为国家一级保护动物，在《世界濒危鸟类名录》中列为全球濒危物种。

---

① 1亩≈666.7m²。

在盐城海滨湿地，丹顶鹤最喜欢筑巢和觅食的生境为人烟稀少、周围无较大的障碍物、深度在 10～40cm、地势较高的浅水芦苇沼泽；周围有深水，可为丹顶鹤提供丰富的食物；另外，芦苇的植被高度较高，为丹顶鹤筑巢、觅食等生理活动提供了良好的条件。盐城海滨湿地是丹顶鹤重要的越冬地。但是，盐城海滨湿地属于淤泥质海滨湿地，陆地逐年向海扩张，致使保护区内的湿地植被演替也随之逐年延续。处于高潮滩的土地受到潮汐的影响逐渐减弱，变得干燥，致使水禽、水鸟的栖息地和觅食区域逐渐减少，不利于这些物种的生存，尤其是丹顶鹤等珍稀物种。人工恢复芦苇沼泽，可创造一个适宜的栖息地来吸引丹顶鹤和其他鸟类，保护珍稀物种。1994 年，盐城自然保护区通过在中路港道路以北的北部区域注入淡水开始将滩涂改造成湿地，接着进行了一系列大规模的人工芦苇沼泽恢复活动。

　　情景Ⅱ在自然条件区的基本思想就是为了保护珍稀物种，为丹顶鹤越冬创造更多的适宜的栖息地，在南部自然条件区实行与北部人工管理区相同的管理模式，在南部自然条件区进行人工芦苇沼泽恢复。通过筑坝围堰，储蓄淡水，改变生态过程，加快浅水芦苇沼泽发育，使围堤内的碱蓬沼泽全部转变为芦苇沼泽，创造更多的丹顶鹤越冬生境。

2. 基础数据

　　以 2011 年为基础，假设从 2011 年开始对南部自然条件区筑堤进行人工恢复芦苇沼泽。首先要解决的问题是要恢复多大的面积。丹顶鹤是一种领域鸟，其繁殖时的领域面积很大。根据研究，丹顶鹤在中国繁殖期的最小领域面积为 $2.6km^2$；另外，还有学者研究了丹顶鹤最大日活动距离为 3km、单个生境斑块面积大于 $3.2hm^2$ 才能够满足丹顶鹤越冬生境条件（孙贤斌，2009）。最小面积被定义为一块能 98% 的支持某物种生存 100 年的区域面积，但只有需求面积满足 3 倍最小面积才可以长期维持物种的生存（刘红玉，2005）。盐城海滨湿地是丹顶鹤主要的越冬地。因此，认为维持一只丹顶鹤长期生存需要的淡水芦苇沼泽面积为 $3.2×3 = 9.6hm^2$。另外，根据 1982～2010 年丹顶鹤在盐城自然保护区越冬数量（图 8-12），选取以盐城自然保护区多年越冬丹顶鹤数量的平均值 658 只为参照（吕士成，2009），计算出共需要恢复的浅水芦苇沼泽面积为 $6316.8hm^2$。北部已经恢复的 $2998.80hm^2$，其中单个斑块面积大于 $9.6hm^2$ 的适宜浅水芦苇沼泽面积约 $2150hm^2$。因此，南部自然条件区共需要恢复浅水芦苇沼泽面积约 $4170hm^2$。

　　因此，以 2011 年为基础，设计一条与北部人工管理区相似的堤坝引入淡水，模拟人工管理区的管理方式，并以此作为情景预测的初始数据。堤坝设计的原则为：尽量保持原有景观的完整性、堤坝尽量与原有的景观带平行、堤坝设计要满足面积的需求。这样可以将南部自然条件区的状态理解为与北部人工管理区相同，是一种受到人工管理的状态，并按照此状态开始演变。由于人工管理区和自然条件区海岸

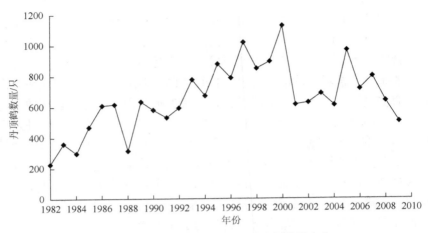

图 8-12　1982～2010 年丹顶鹤越冬数量变化

环境的差异，北部人工管理区开始受到侵蚀的影响，南部自然条件区米草沼泽淤长明显，自然条件区互花米草的促淤能力要比北部人工管理区强。所以，米草沼泽向海洋方向的扩张速率要比人工管理区快，与是否进行人工围堤无关，米草沼泽扩张速率的参数仍采用第 7 章的自然条件景观过程研究结果。其他演变序列由于实施人工筑堤、注入淡水，可以理解为与北部人工管理区相同的模式，关键是对碱蓬沼泽→芦苇沼泽、碱蓬沼泽→米草沼泽的演变产生影响，参数采用人工管理状态下的演变参数。

因此，以 2011 年为起始年份（图 8-13），将南部自然条件区景观过程参数设置为[$X1$，$X2$，$X3$，$X5$，$X6$，$X7$]=[-0.010%，0.052%，0.300%，-0.010%，0.800%，-3.500%]；[W_1，W_2，W_3，W_4，W_5]=[0.5325%，0.8866%，42.2824%，26.4158%，55.3316%]为判断矩阵。然后，在 MATLAB 中调用函数 repatecompute，模拟自然条件区，如果从 2011 年开始，人工恢复芦苇沼泽到 2020 年的景观状况，生成新的景观类型矩阵及土壤水分和盐度矩阵，然后再在 ArcGIS 中将其转为 grid 图像。

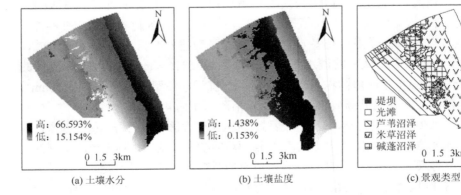

图 8-13　2011 年自然条件区土壤水分、盐度和景观类型图

3. 模拟结果

在生态恢复模式下，自然条件区通过堤坝的建设，一方面，致使堤坝内的碱蓬沼泽加快向芦苇沼泽转变；另一方面，堤坝的建设在一定程度上有效阻挡了芦苇沼泽向东扩张。模拟结果显示（图 8-14），2020 年芦苇沼泽略有增加，面积比重由情景Ⅰ下的 28.916%增加至 29.937%，增加了 3.531%；碱蓬沼泽面积减少变缓，面积比重由情景Ⅰ下的 0.963%增加至 5.309%，增加了 4.51 倍；米草沼泽扩张减缓，面积比重由情景Ⅰ下的 51.987%减少至 47.878%，减少了 7.904%。最终的目的是围堤范围内全部变为浅水芦苇沼泽，同时通过堤坝的建设控制芦苇沼泽向碱蓬沼泽的扩张。

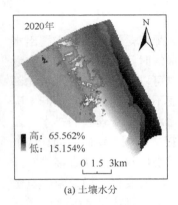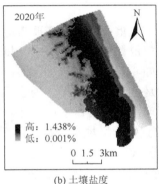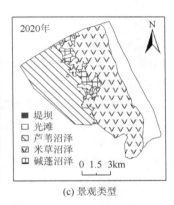

| (a) 土壤水分 | (b) 土壤盐度 | (c) 景观类型 |

图 8-14　情景Ⅱ自然条件区模拟结果

4. 自然条件区芦苇沼泽恢复措施

水分条件是丹顶鹤重要的生境要素。丹顶鹤一般选择在常年积水的沼泽中觅食、栖息，筑巢对积水的深度有一定的要求，最大深度一般在 25～40cm；另外保持适当的水深，可以保证为丹顶鹤提供丰富的食物来源，一般水深控制在 1.5m 左右（刘红玉，2005）。这就要求在筑堤围堰时，应该采用高低搭配的形式。具体的形式，可见南北方向的断面图（图 8-15），可以看出：修建通向大海的中路港道路，各种车辆可以畅通无阻，虽然方便了对保护区的管理、对野生动物的监测等活动，但是也形成了一条人工廊道，严重阻碍了动物的迁徙。而丹顶鹤对外界干扰非常敏感，所以在中路港道路的南侧，修建一条面宽 3m 左右的人工潮沟，在一定程度上，阻碍人类活动向保护区内部发展。在人工潮沟的南侧修建一条高于中路港道路约 1m 的堤坝，堤坝的建设一方面可阻挡潮水，另一方面可储蓄淡水。在堤坝内部应该建设深浅不一的浅水沼泽，紧挨堤坝有一个缓坡，与堤坝高差约 1m，坡的宽度为 1～2m。紧挨坡的是一条宽约 2m，深约 2m 的水沟，一方面起到阻挡人类活动进入的作用，另一方面可以为丹顶鹤提供丰富的食物。从水沟向内，是广阔的、比坡面低 0.5m 左右的浅水芦苇沼泽，主要为丹顶鹤提供栖息地和日常活动场所。这样一个堤坝的建设，既阻挡了人类活动对丹顶鹤的影响，也为丹顶鹤提供了足够的栖息地、活动场所和觅食条件。

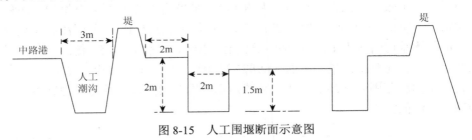

图 8-15　人工围堰断面示意图

在人工筑堤时，还有一个很重要的问题需要考虑，那就是淡水的进水和出水问题，包括：进水口和出水口位置的选择；灌水与排水的时间。进水口选择靠近淡水水源地，主要是河流，如斗龙港河、三里闸河；也可以设置地下管道从北部人工管理区引水。关键问题是出水口的选择，为了保证不对其他沼泽类型产生影响，应该避免与北部人工管理区相同的排水口设计。北部人工管理区的排水，在当地被称为"二龙戏珠"，位置位于堤坝与碱蓬沼泽衔接的区域，朝向东面。这个排水口主要利用地势的高低差异，通过闸门控制，当需要排水时，就直接排向开敞的碱蓬沼泽，必然对碱蓬生境产生影响，影响碱蓬沼泽的发育。如果南部自然条件区实施人工筑堤，其排水口不能直接向东设置，更不能直接排入碱蓬沼泽。鉴于此，建议出水口应该设计为朝向人工潮沟，直接排入人工潮沟之中。灌水与排水的时间选择应该考虑丹顶鹤越冬时间及自然条件特征，丹顶鹤每年 11 月到次年的 3 月在此越冬。鉴于此，一般选择在 11 月开始灌水，保持适当的水位，等到次年 3 月丹顶鹤离去再开始排水。另外，受季风气候影响，每年从 5 月、6 月雨水开始增多，一般持续到 9 月，围堤内长时间被淹，水位容易高，所以一般在 9 月底开始排水，以保证围堤内的水位保持在一定的水平。丹顶鹤越冬时期，刚好是农历的腊月和正月，也是对鱼类需求最大的时候，往往也是养殖鱼收获的时节，为了捕鱼而排水，容易破坏丹顶鹤越冬生境。为了保证丹顶鹤越冬生境不受影响，在丹顶鹤越冬时期应该避免人为的干扰，尤其需要避免在围堤内从事养殖活动。

8.4　保护本地物种碱蓬模式（情景Ⅲ）

8.4.1　情景设计

碱蓬是海滨湿地一种重要的一年生草本真盐生本地植物物种，耐盐能力很强，对于维护区域生物多样性具有重要的作用（丁海荣等，2008）。主要生长在盐生的沼泽环境中（马德滋和刘惠兰，1986），分布区域集中在东北、华北、西北内陆地区及长江以北沿海地带（孟庆峰等，2012）。碱蓬是一种适应性很强的盐碱土的指示植物，是沿海滩涂湿地的先锋植物物种（张学杰等，2003），由于其能从土壤中吸收并积累较多的 NaCl 或 Na_2SO_4，可降低土壤含盐量，是盐碱地改良的优势草种，对维持地区生态系统稳定和演替发挥着重要作用（毛培利等，2011；张立宾等，2007）。但是，人为管理活动的不断增强，以及外来物种互花米草人为引种的成功，致使本地物种碱蓬的景观演变发生明显改变，并对区域生物多样性和生态环境维护产生了不利影响。通过第 4 章内容可以得出：在现有条件下，海滨湿地景观演变的特征是芦苇沼泽、米草沼泽不断扩张，碱蓬沼泽受到芦苇沼泽和米草沼泽从东西两个方向向其扩张，碱蓬沼泽不断减少乃至消失的过程。从情景Ⅰ中可以看出，北部人工管理区碱蓬沼泽在 2025 年就会消失；南部自然条件区在 2025 年只剩下一些零星的碱蓬沼泽斑块，至 2030 年碱蓬沼泽也基本消失。即使在情景Ⅱ中，也可以看出至 2020 年碱蓬沼泽的面积仍在不断地减少。所以，保护碱蓬群落已经显得迫在眉睫。在前面的两种情景中，可以看出米草沼泽对碱蓬沼泽威胁性最大。在此设计两种情景状态，一是去除外来物种互花米草扩张对其影响，设想通过人工控制，米草沼泽不向碱蓬沼泽扩张（情景Ⅲ-1）；二是假设从 2011 年开始研究区内没有了互花米草，海滨湿地的先锋物种仍然是碱蓬（情景Ⅲ-2）。

8.4.2　基础数据

情景Ⅲ-1 设计的关键，就是米草沼泽不向碱蓬沼泽扩张，只向海洋方向扩张。所以，在其演变序列中只存在两种情况：一是碱蓬沼泽→芦苇沼泽演变序列；二是光滩→米草沼泽的演变序列。基础数据选择以 2011 年为起始年份（图 8-2 和图 8-3），将北部人工管理区景观过程参数设置为$[x1, x2, x3, x4, x5, x6]$=[−0.010%，0.000%，0.050%，−0.100%，0.000%，0.230%]；将南部自然条件区景观过程参数设置为$[X1, X2, X3, X5, X6, X7]$=[−0.007%，0.000%，0.300%，−0.250%，0.000%，−3.500%]；$[W_1, W_2, W_3, W_4, W_5]$=[0.5325%，0.8866%，42.2824%，26.4158%，55.3316%]为判断矩阵。然后，在 MATLAB 中调用函数 repatecompute，模拟从 2011 年开始，假设人工管理区和自然条件区的米草沼泽不再向碱蓬沼泽扩张，预测到 2020 年的景观状况，生成新的景观类型及土壤水分和盐度矩阵，然后在 ArcGIS 中将其转为 grid 图像。

情景Ⅲ-2 设计的关键，就是假设通过人工措施使互花米草消失。所以，在这种情况下海滨湿地景观演变还原到没有引种互花米草之前的本地原生状况，分别是碱蓬沼泽→芦苇沼泽演变序列和光滩→碱蓬沼泽演变序列。基础数据选择仍以 2011 年为起始年份，并假设从 2011 年开始没有米草沼泽，将北部人工管理区景观过程参数设置为[$x1$, $x2$, $x3$, $x4$, $x5$, $x6$, $x7$, $x8$]=[−0.010%, 0.000%, 0.000%, 0.125%, −0.100%, 0.000%, 0.000%, −4.600%]；将南部自然条件区景观过程参数设置为[$X1$, $X2$, $X3$, $X4$, $X5$, $X6$, $X7$, $X8$]=[−0.007%, 0.000%, 0.000%, 0.125%, −0.250%, 0.000%, 0.000%, −4.600%]；[W_1, W_2, W_3, W_4, W_5, W_6, W_7]=[0.5325%, 0.8866%, 42.2824%, 26.4158%, 55.3316%, 33.1132%, 48.6342%]为判断矩阵。然后，在 MATLAB 中调用函数 repatecompute，模拟人工管理区和自然条件区，从 2011 年开始模拟没有米草沼泽的演变情况，预测到 2020 年的景观状况，生成新的景观类型及土壤水分和盐度矩阵，然后在 ArcGIS 中将其转为 grid 图像。

8.4.3　模拟结果

1. 情景Ⅲ-1 模拟结果

情景Ⅲ-1 模拟结果显示，碱蓬沼泽较情景Ⅰ大幅增加，如图 8-16 和图 8-17 所示。人工管理区，芦苇沼泽的面积比重基本不变，由原来的 65.345%变为 65.402%；米草沼泽的面积比重由 16.038%下降到 13.804%，减少了 13.929%；碱蓬沼泽的面

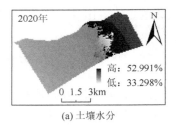
(a) 土壤水分

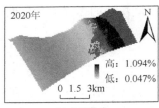
(b) 土壤盐度

(c) 景观类型

图 8-16　人工管理区情景Ⅲ-1 模拟结果

(a) 土壤水分　　　　　(b) 土壤盐度

(c) 景观类型

图 8-17　自然条件区情景Ⅲ-1 模拟结果

积比重由 0.963%上升至 3.138%，增加了 2.26 倍。自然条件区，芦苇沼泽的面积
比重由情景Ⅰ下的 28.657%上升至 29.615%，变化缓慢；米草沼泽由情景Ⅰ下的
51.987%下降至 41.970%，减少了 19.268%；碱蓬沼泽由情景Ⅰ下的 2.123%上升至
11.594%，增加了 4.46 倍。综上所述，情景Ⅲ-1 碱蓬沼泽的面积相较于现状模式，
已经有大幅度的提升，有效地起到了保护本地物种碱蓬的作用。

2. 情景Ⅲ-2 模拟结果

通过对情景Ⅲ-2 的模拟，结果如图 8-18 和图 8-19 所示，相较情景Ⅰ的模拟
结果，至 2020 年，碱蓬沼泽面积显著上升。人工管理区，米草沼泽消失；芦苇沼
泽的面积比重为 67.713%，变化缓慢；碱蓬沼泽的面积比重为 6.970%，比情景Ⅰ
增加了 6.24 倍。自然条件区，米草沼泽消失，芦苇沼泽的面积比重为 30.663%，比
情景Ⅰ增加了 6.937%；碱蓬沼泽的面积比重为 43.832%，比情景Ⅰ增加了 19.65 倍。
综上所述，情景Ⅲ-2 碱蓬沼泽迅速恢复到互花米草引种前的扩张模式，相较于现
状模式，碱蓬沼泽面积迅速扩张，有大幅度的提升，该模式能够促进碱蓬沼泽快
速恢复。

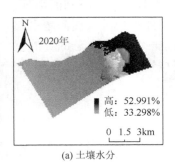
(a) 土壤水分

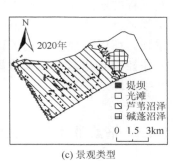
(b) 土壤盐度

(c) 景观类型

图 8-18　人工管理区情景Ⅲ-2 模拟结果

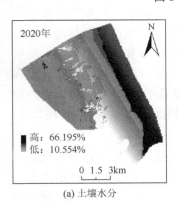
(a) 土壤水分

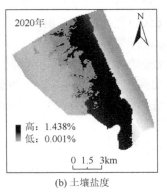
(b) 土壤盐度

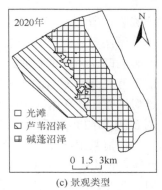
(c) 景观类型

图 8-19　自然条件区情景Ⅲ-2 模拟结果

8.4.4 控制互花米草扩张措施

目前控制互花米草扩张的方法，主要包括：生态工程措施，如南京大学钦佩教授的团队在苏北海滨湿地完成的"地貌水文饰变促进生物替代"生态工程，实现了芦苇对互花米草的生物替代，并发现了芦苇的提取物对互花米草及其益生菌具有化感作用（钦佩等，2010）。物理控制措施，如华东师范大学河口海岸学国家重点实验室李贺鹏和张利权教授发明的综合利用刈割和水位控制方法，能有效地抑制互花米草的生长和扩散，其原理是在抑制互花米草生长的基础上，通过水位的控制，阻止互花米草的呼吸作用和光合作用（李贺鹏和张利权，2007）。生物措施，如中国林业科学研究院等单位的研究人员提出的利用另一种外来物种无瓣海桑（孟加拉，1985 年引入我国）的速生性与生态位特征，对互花米草进行生态控制，可实现对互花米草的生态演替（管伟等，2009）。但是，这些方法对海滨湿地也会产生负面影响，生态工程措施与物理措施破坏了海滨湿地地貌过程的连续性，对海滨湿地生态系统演变和景观的完整性都有着不利的影响；生物措施，虽然说对环境无毒副作用，但是必须对新的外来物种入侵问题引起重视。所以，控制互花米草扩张的方法和措施还有待进一步研究，总的目的就是在控制互花米草扩张的基础上，不对当地生态系统与景观的完整性、连续性产生破坏。

8.4.5 情景Ⅲ-1 和情景Ⅲ-2 的综合模式（Ⅲ-3）

海滨湿地引种互花米草的目的是利用互花米草超强的促淤能力，保滩护岸。如果将互花米草全部清除，随着海岸侵蚀的加剧和南移，海滨湿地景观将面临新的威胁。所以，可以设想既保留互花米草，也不影响海滨湿地原生演替的发生。具体做法是，对已扩张部分进行适当清除，保留其向海扩张和淤长的能力，同时不影响碱蓬沼泽的扩张。也就是将情景Ⅲ-1 和情景Ⅲ-2 进行叠加综合，这样既保证了互花米草的保滩护岸功能，也不影响本地物种碱蓬的生存和空间演变。通过对情景Ⅲ-1 和情景Ⅲ-2 进行叠加，得出 2020 年盐城海滨湿地景观结构图，如图 8-20 和图 8-21 所示。

将情景Ⅲ-3 下人工管理区模拟结果（图 8-20）与情景Ⅰ下模拟预测结果进行比较，得出：至 2020 年，人工管理区芦苇沼泽面积比重为 69.831%，比情景Ⅰ增加了 7.431%；米草沼泽的面积比重为 7.432%，比情景Ⅰ减少了 53.660%；碱蓬沼泽的面积比重为 7.220%，比情景Ⅰ增加了 6.50 倍。

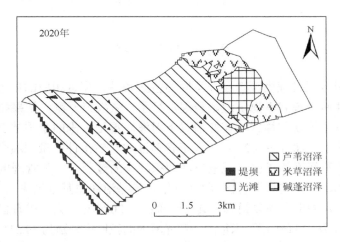

图 8-20　人工管理区情景III-3 模拟结果

　　将情景III-3 下自然条件区模拟结果（图 8-21）与情景 I 下的模拟预测结果进行比较，得出：至 2020 年，自然条件区芦苇沼泽面积比重为 30.609%，变化比较缓慢；米草沼泽的面积比重为 8.728%，比情景 I 减少了 82.315%；碱蓬沼泽的面积比重为 43.832%，比情景 I 增加了 19.65 倍。

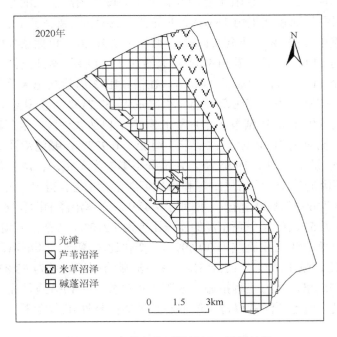

图 8-21　自然条件区情景III-3 模拟结果

8.5 小 结

本章运用景观过程模型，设计不同的情景条件，配置相应的参数，对人工管理和自然条件两种模式下海滨湿地景观进行了情景模拟预测，结果如下。

（1）情景Ⅰ为现状模式，在此情景下对海滨湿地未来的景观演变系列进行了模拟，结果显示：2011～2020年，人工管理区和自然条件区景观演变都呈现出芦苇沼泽和米草沼泽面积扩张、碱蓬沼泽面积减少的过程。人工管理区至2025年，碱蓬沼泽基本消失，自然条件区至2030年，碱蓬沼泽也基本消失。

（2）情景Ⅱ为生态恢复模式，具体结果：至2020年，人工管理区在去除堤坝影响下，芦苇沼泽、碱蓬沼泽、米草沼泽和光滩的面积比重分别为59.511%、11.244%、11.359%和14.613%，尤其是碱蓬沼泽比情景Ⅰ下增加了10.67倍，米草沼泽减少了29.174%。自然条件区在进行人工恢复芦苇沼泽影响下，芦苇沼泽面积由情景Ⅰ下的28.916%增加至29.937%，增加了3.531%，碱蓬沼泽面积减少变缓，面积由情景Ⅰ下的0.963%增加至5.309%，增加了4.51倍；米草沼泽扩张减缓，面积由情景Ⅰ下的51.987%减少至47.878%，减少了7.904%。

（3）情景Ⅲ是以保护本地物种碱蓬为目标控制互花米草扩张，并模拟2020年的状况，具体如下：在情景Ⅲ-1控制互花米草向碱蓬沼泽扩张的影响下，人工管理区，米草沼泽的面积比重由16.038%下降到13.804%，减少了13.929%；碱蓬沼泽的面积比重由0.963%上升至3.138%，增加了2.26倍。自然条件区，米草沼泽由情景Ⅰ下的51.987%下降至41.970%，减少了19.268%；碱蓬沼泽由情景Ⅰ下的2.123%上升至11.594%，增加了4.46倍。在情景Ⅲ-2消除互花米草的影响下，人工管理区米草沼泽消失；芦苇沼泽的面积比重为67.713%，变化缓慢；碱蓬沼泽的面积比重为6.970%，比情景Ⅰ增加了6.24倍。自然条件区，米草沼泽消失，芦苇沼泽的面积比重为30.663%，比情景Ⅰ增加了6.937%；碱蓬沼泽的面积比重为43.832%，比情景Ⅰ增加了19.65倍。为了既不影响米草沼泽保滩护岸的功能，又不影响碱蓬沼泽的演变，将情景Ⅲ-1和情景Ⅲ-2进行综合，得出：人工管理区芦苇沼泽面积比重为69.831%，比情景Ⅰ增加了7.431%；米草沼泽的面积比重为7.432%，比情景Ⅰ减少了53.660%；碱蓬沼泽的面积比重为7.220%，比情景Ⅰ增加了6.50倍。自然条件区芦苇沼泽面积比重为30.609%，变化比较缓慢；米草沼泽的面积比重为8.728%，比情景Ⅰ减少了82.315%；碱蓬沼泽的面积比重为43.832%，比情景Ⅰ增加了19.65倍。生态工程措施、物理工程措施、生物措施是控制互花米草扩张的有效手段，但也要注意保持海滨生态系统的完整性和连续性。

第9章 结论与展望

海滨湿地是重要的湿地类型之一，在维护生物多样性、调节气候、涵养水源、维持区域可持续发展等方面具有不可替代的作用。盐城海滨湿地是中国最大的潮滩湿地，在全球湿地和生物多样性保护中具有重要的战略地位。但是，盐城海滨湿地在自然和人为双重作用下，对外界的胁迫压力反应敏感，生态环境脆弱，景观变化显著。尤其在人类活动影响下，海滨湿地生态过程的连续性受到破坏，致使自然湿地资源日渐短缺，对生物多样性的维护和区域的可持续发展产生了严重的威胁。因此，如何实现辨识自然和人为影响下海滨湿地景观演变模式，揭示景观演变的响应机制，是有效管理海滨湿地资源，实现区域生态、经济与社会的协调发展急需解决的科学问题。本书以盐城典型淤泥质海滨湿地为研究案例，根据研究区的自然和人类活动特征，将其分为人工管理和自然条件两种不同模式；将宏观尺度的景观数据和微观尺度的生态数据相结合，构建基于过程的景观模型，并对未来不同情景下海滨湿地景观演变进行模拟预测。该研究从内容和方法上体现了基于景观过程模型研究的创新，对保护海滨湿地、维护区域可持续发展具有重要意义。最后，得出主要结论如下。

9.1 主 要 结 论

9.1.1 景观结构与格局时空变化明显

研究区域在 2000～2011 年，景观结构变化主要表现为芦苇沼泽和米草沼泽面积不断扩张，碱蓬沼泽面积不断减小的趋势。其中，人工管理区芦苇沼泽和米草沼泽面积比重分别从 42.504%和 2.681%增加至 55.637%和 12.127%，分别增加了 30.989%和 352.331%，而碱蓬沼泽面积比重由 24.626%减少至 5.221%，减少了 78.799%；自然条件区芦苇沼泽和米草沼泽面积比重分别从 5.042%和 17.525%增加至 23.601%和 34.466%，分别增加了 368.088%和 96.668%，而碱蓬沼泽面积由 36.910%减少至 14.414%，减少了 60.948%。在景观转移上，主要表现为碱蓬沼泽向芦苇沼泽和米草沼泽转移，光滩向米草沼泽转移的特征。其中，人工管理区合计约 80%的碱蓬沼泽转变为芦苇沼泽和米草沼泽；自然条件区合计约 60%的碱蓬沼泽转变为芦苇沼泽和米草沼泽。

研究区域在 2000～2011 年，景观格局变化主要表现为芦苇沼泽向海洋方向扩张，米草沼泽向海陆两个方向同时扩张，碱蓬沼泽则以向中心收缩为主。其中，人工管理区芦苇沼泽向海洋方向扩展了 2634m，扩张速度为 240m/a；米草沼泽分别向海陆方向扩张了 440m 和 675m，扩张速度分别为 40m/a 和 61m/a，以向陆地方向扩张为主；碱蓬沼泽从海陆两个方向向中心收缩了 675m 和 2634m，收缩速度分别为 61m/a 和 240m/a，以向海洋方向收缩为主。自然条件区，芦苇沼泽向海洋方向扩张了 1785m，扩张速度为 162m/a；米草沼泽分别向海陆方向扩张了 1290m 和 445m，扩张速度分别为 117m/a 和 40m/a，以向海洋方向扩张为主；碱蓬沼泽从海陆两个方向向中心收缩了 325m 和 1785m，扩张速度分别为 30m/a 和 162m/a，以向海洋方向收缩为主。不同景观类型景观质心变化明显。

研究区景观质心变化显著。其中，人工管理区芦苇沼泽先向东偏南方向、后向北偏西方向移动；碱蓬沼泽持续向东北方向移动；米草沼泽先向西北方向、后向西南方向移动。自然条件区景观质心变化相对于人工管理区表现出一定的持续性：芦苇沼泽持续向东南方向移动；碱蓬沼泽先向东北方向、后向北移动；米草沼泽先向东北方向、后向西北方向移动。

9.1.2　土壤性状时空差异明显

土壤性状是控制海滨湿地景观类型空间分异的主要因素。结果表明：无论是干旱年份还是湿润年份，无论是人工管理区还是自然条件区，土壤水分和盐度都是与景观演变序列灰色关联度最高的两个性状指标，因此，确定土壤盐度和水分为海滨湿地景观演变的关键生态因子。总体上，从陆地向海洋方向，芦苇沼泽、碱蓬沼泽和米草沼泽的土壤水分和盐度均呈现递增趋势。人工管理区，在干旱年份，芦苇沼泽、碱蓬沼泽和米草沼泽土壤水分平均含量分别为 38.834%、41.053% 和 46.965%，盐度平均含量分别为 0.388%、0.707% 和 1.756%；在湿润年份，各个景观类型水分含量均略有增加，芦苇沼泽、碱蓬沼泽和米草沼泽土壤水分含量分别增加至 39.002%、43.496% 和 47.681%，分别增加了 0.433%、5.951% 和 1.525%，而盐度上各种景观类型则呈现减少特征，芦苇沼泽、碱蓬沼泽和米草沼泽土壤盐度分别减少至 0.283%、0.453% 和 1.192%，分别减少了 27.062%、35.926% 和 32.118%。

自然条件区，在干旱年份，芦苇沼泽、碱蓬沼泽和米草沼泽土壤水分平均含量分别为 36.786%、40.703% 和 44.159%，盐度平均含量分别为 0.433%、0.927% 和 1.342%；在湿润年份，芦苇沼泽和米草沼泽土壤水分含量略有增加，分别增加至 38.848% 和 46.034%，增加了 5.605% 和 4.246%，碱蓬沼泽的土壤水分含量略有减少，减少至 40.417%，减少了 0.703%，而盐度在各种景观类型上呈现减少的特征，芦苇沼泽、碱蓬沼泽和米草沼泽土壤盐度分别减少至 0.379%、0.628% 和 0.866%，分别减少了 12.471%、32.255% 和 35.469%。

　　海滨湿地土壤水分和盐度空间分异显著，表现出明显的沿海岸方向延伸、沿海陆方向更替的特征；且沿东西海陆方向的变异明显大于南北海岸延伸方向上的变异。

9.1.3　海滨湿地土壤水分和盐度的阈值效应

　　控制海滨沼泽景观演变的土壤水分和盐度具有明显的阈值效应。研究表明，不同景观类型水分、盐度阈值具有明显的差异性。其中，芦苇沼泽水分阈值范围为 33.1132%~42.2824%，盐度阈值范围为 0.1531%~0.5325%；碱蓬沼泽水分阈值范围为 33.1132%~48.6342%，盐度阈值范围为 0.5325%~0.8862%；米草沼泽水分阈值范围为 26.4158%~55.3316%，盐度阈值范围为 0.8862%~1.4375%；光滩水分阈值范围为 48.6342%~66.5934%，盐度阈值范围为 0.3148%~0.8862%。土壤水分和盐度的阈值组合，可以作为海滨湿地景观演变的判别依据。

9.1.4　海滨湿地景观过程模型的构建

　　综合利用区域景观结构空间分布数据和土壤性状数据，集成 GIS-MATLAB-CA 技术构建了基于过程的景观演变模拟模型。该模型不仅具有动态显示区域景观时空演变的能力，而且能够从景观生态过程变化角度，揭示区域景观演变机制问题。经检验，模型在模拟区域景观演变过程中表现出较高的准确性，总体精度可达 85% 以上，Kappa 系数在 0.70 以上，一致率都在 85% 以上。而且检验结果表明，模型的精度由景观单元的空间位置所决定，空间位置一致率决定了整个景观模拟一致率，不同于已有的一些由数量一致率决定整个景观模拟精度的模型，更符合实际情况。

9.1.5　海滨湿地景观演变情景模拟

　　根据区域发展和景观变化特征，设置三种不同情景，利用景观过程模型，通过参数调整，对区域湿地景观演变进行模拟和预测研究，并根据不同的情景条件提出了相应的管理措施。其中，现状模式（情景Ⅰ）情景模拟表明，碱蓬沼泽是受影响最为显著的沼泽类型。在芦苇沼泽和米草沼泽继续迅速扩张的影响下，人工管理区碱蓬沼泽将于 2025 年基本消失；自然条件区碱蓬沼泽将于 2030 年也基本消失。生态恢复模式（情景Ⅱ）情景模拟表明，人工管理区在去除堤坝的影响下，碱蓬沼泽面积减少变缓，至 2020 年碱蓬沼泽的面积比重由情景 I 下的 0.963%增加至 11.244%，增加了 10.67 倍；米草沼泽面积比重减少了 29.174%。自然条件区在人工恢复芦苇沼泽情景下，至 2020 年，芦苇沼泽面积比重由情景 I 下的 28.916%增加至 29.937%，增加了 3.531%；碱蓬沼泽面积比重增加至 5.309%，增加了 4.51 倍；米草沼泽面积比重由情景 I 下的 51.987%减少至 47.878%，减少了 7.904%。保护本地物种碱蓬模式（情景III）情景模拟表明，至 2020 年，在控制米草向陆扩张情景下（III-1），人工管理区和自然条件区碱蓬沼泽面积比重分别是情景 I 下的 3.26 倍和 5.46 倍；米草沼泽面积比重分别减少了 13.929%和 19.268%。在去除互花米草情景下（III-2），人工管理区和自然条件区碱蓬沼泽面积比重分别是情景 I 下 7.24 倍和 20.65 倍。为了既不影响米草沼泽保滩护岸的功能，又不影响碱蓬沼泽的演变，将情景III-1 和情景III-2 进行综合，得出：人工管理区芦苇沼泽面积比重为 69.831%，比情景 I 增加了 7.431%；米草沼泽的面积比重为 7.432%，比情景 I 减少了 53.660%；碱蓬沼泽的面积比重为 7.220%，比情景 I 增加了 6.50 倍。自然条件区芦苇沼泽面积比重为 30.609%，变化比较缓慢；米草沼泽的面积比重为 8.728%，比情景 I 减少了 82.315%；碱蓬沼泽的面积比重为 43.832%，比情景 I 增加了 19.65 倍。

9.2 研 究 展 望

生态过程与景观演变研究已经成为海滨湿地景观研究的重要内容之一，也受到了广泛的重视，但是从过程的视角揭示景观演变的研究还比较缺乏。本书运用 GIS-MATLAB-CA 技术，从生态过程控制的角度构建了海滨湿地景观演变模型，揭示了不同驱动条件下海滨湿地景观演变的差异及生态过程的响应机制。在研究内容和方法上对海滨湿地景观过程模型进行了创新，但是基于过程的模型研究还有待于进一步深入探讨，主要包括以下两个方面。

（1）加强生态过程与景观演变的响应机制研究。无论在人工驱动还是自然驱动下，生态过程与景观演变之间的密切关系已经得到了学术界的一致认可。但是，生态过程与景观演变的响应机制研究还需要进一步深入，尤其是生态要素的限制阈值研究。本书中，虽然运用人工神经网络方法，从宏观与微观相结合的视角，确立了海滨湿地土壤水分和盐度的阈值范围。但是，这也仅仅是从单方面考虑了海滨湿地土壤水分和盐度与景观演变的关系，土壤水分与盐度之间是如何相互作用，包括同一景观单元的垂直过程和不同景观单元之间的水平过程，以及影响海滨湿地景观演变的众多过程要素又是如何耦合在一起形成一个合力，共同影响海滨湿地景观演变，还需要进一步深入研究。这些也是海滨湿地过程研究的难点。

（2）进一步完善海滨湿地景观过程模型。首先，应该在研究区建立湿地生态环境长期监测机制，才能更好地反映海滨湿地生态过程规律。目前对生态环境监测主要是单时段的监测，以时空替代方法反映生态环境的变化；缺乏连续的长期的监测。其次，景观演变模型研究已取得较大进展，但是大部分模型仍然局限在套用现有的一些模块，集中在概率模型和元胞自动机模型。本书中虽然尝试构建了基于过程控制的景观演变模型，但也只是从土壤水分和盐度的角度构建景观过程模型。而海滨湿地景观演变受到众多过程要素的制约，包括水文地貌过程和植被过程等，如何更加全面地、综合地考虑各种过程要素，构建基于多过程的海滨景观演变模型函数，并将其推广应用，是海滨湿地景观研究中亟待加强的领域。

参 考 文 献

白军红，欧阳华，杨志峰，等. 2005. 湿地景观格局变化研究进展[J]. 地理科学进展，24（4）：36-44.

布仁仓，常禹，胡远满，等. 2005. 基于 Kappa 系数的景观变化测度——以辽宁省中部城市群为例[J]. 生态学报，25（4）：778-784.

陈才俊. 1990. 灌河口至长江口海岸淤蚀趋势[J]. 海洋科学，（3）：11-16.

陈洪全. 2006. 滩涂生态系统服务功能评估与垦区生态系统优化研究[D]. 南京：南京师范大学.

陈鹏. 2005. 厦门滨海湿地景观格局变化研究[J]. 生态科学，24（4）：359-363.

陈爽，马安青，李正炎，等. 2011. 基于 RS/GIS 的大辽河口湿地景观格局时空变化研究[J]. 中国环境监测，27（3）：4-8.

成遣，王铁良. 2010. 辽河三角洲湿地景观动态变化及其驱动力研究[J]. 人民黄河，32（2）：8-9.

崔保山，杨志峰. 2001. 湿地生态系统模型研究进展[J]. 地球科学进展，16（3）：352-358.

崔保山，赵欣胜，杨志峰，等. 2006. 黄河三角洲芦苇种群特征对水深环境梯度的响应[J]. 生态学报，26（5）：1533-1541.

崔丽娟，李伟，张曼胤，等. 2010. 福建洛阳江口红树林湿地景观演变及驱动力分析[J]. 北京林业大学学报，32（2）：106-112.

戴科伟. 2006. 江苏盐城湿地珍禽国家级自然保护区生态安全研究[D]. 南京：南京师范大学.

戴祥，朱继业，窦贻俭. 2001. 中外大河河口湿地保护与利用初探[J]. 环境科学与技术，24（增刊）：11-14.

丁海荣，洪立洲，杨智青，等. 2008. 盐生植物碱蓬及其研究进展[J]. 江西农业学报，20（8）：35-37.

丁晶晶，王磊，季永华，等. 2009a. 江苏省盐城海岸带湿地景观格局变化研究[J]. 湿地科学，7（3）：202-207.

丁晶晶，王磊，邢伟，等. 2009b. 基于 RS 和 GIS 的盐城海岸带湿地景观格局变化及其驱动力研究[J]. 江苏林业科技，36（6）：18-21.

丁亮，张华，孙才志. 2008. 辽宁省滨海湿地景观格局变化研究[J]. 湿地科学，6（1）：7-12.

杜国云，王庆，王秋贤，等. 2007. 莱州湾东岸海岸带陆海相互作用研究进展[J]. 海洋科学，31（3）：66-71.

付春雷，宋国利，鄂勇. 2009. 马尔科夫模型下的乐清湾湿地景观变化分析[J]. 东北林业大学学报，37（9）：117-119.

傅伯杰，陈利顶，马克明，等. 2001. 景观生态学原理及应用[M]. 北京：科学出版社.

高义，苏奋振，孙晓宇，等. 2010. 珠江口滨海湿地景观格局变化分析[J]. 热带地理，30（3）：215-226.

宫兆宁,张翼然,宫辉力,等.2011.北京湿地景观格局演变特征与驱动机制分析[J].地理学报,66(1):77-88.

谷东起,赵晓涛,夏东兴,等.2005.基于3S技术的朝阳港湖湿地景观格局演变研究[J].海洋学报,27(2):91-97.

管伟,廖宝文,邱凤英,等.2009.利用无瓣海桑控制入侵种互花米草的初步研究[J].林业科学研究,22(4):603-607.

韩文权,常禹.2004.景观动态的Markov模型研究[J].生态学报,24(9):1958-1969.

郝敬锋,刘红玉,李玉凤,等.2010.基于转移矩阵模型的江苏海滨湿地资源时空演变特征及驱动机制分析[J].自然资源学报,25(11):1918-1929.

何桐,谢健,徐映雪,等.2009.鸭绿江口滨海湿地景观格局动态演变分析[J].中山大学学报(自然科学版),48(2):113-118.

何文珊.2008.中国滨海湿地[M].北京:中国林业出版社.

洪荣标.2005.海滨湿地入侵植物的生态经济和生态安全管理——以福建海滨湿地的互花米草为例[D].福州:福建农业大学.

胡巍巍,王根绪,邓伟.2008.景观格局与生态过程相互关系研究进展[J].地理科学进展,27(1):18-24.

胡远满,徐崇刚,常禹,等.2004.空间直观景观模型LANDIS在大兴安岭呼中林区的应用[J].生态学报,24(9):1846-1856.

季子修,蒋自翼,朱季文,等.1993.海平面上升对长江三角洲和苏北滨海平原海岸侵蚀的可能影响[J].地理学报,48(6):156-526.

季子修,蒋自翼,朱季文,等.1994.海平面上升对长江三角洲附近沿海潮滩和湿地的影响[J].海洋与湖沼,25(6):582-590.

贾宁,简建勋,尹占娥,等.2005.长江口湿地景观镶嵌结构演变的数量特征与分形分析[J].资源调查与环境,26(1):71-78.

江红星,楚国忠,侯韵秋.2002.江苏盐城黑嘴鸥的繁殖栖息地选择[J].生态学报,22(7):999-1004.

江苏省GEF湿地项目办公室.2008.盐城海滨湿地生态价值评估及政策法律、土地利用分析[M].南京:南京师范大学出版社.

柯长青,欧阳晓莹.2006.基于元胞自动机模型的城市空间变化模拟研究进展[J].南京大学学报(自然科学),42(1):103-110.

黎夏,叶嘉安.2005.基于神经网络的元胞自动机及模拟复杂土地利用系统[J].地理研究,24(1):19-27.

李贺鹏,张利权.2007.外来植物互花米草的物理控制实验研究[J].华东师范大学学报(自然科学版),(6):44-55.

李华,杨世伦.2007.潮间带盐沼植物对海岸沉积动力过程影响的研究进展[J].地球科学进展,22(6):583-592.

李加林,张忍顺,王艳红,等.2003.江苏淤泥质海岸湿地景观格局与景观生态建设[J].地理与地理信息科学,19(5):86-90.

李加林,赵寒冰,曹云刚,等.2006.辽河三角洲湿地景观空间格局变化分析[J].城市环境与城市生态,19(2):5-7.

李婧，王爱军，李团结. 2011. 近20年来珠江三角洲滨海湿地景观的变化特征[J]. 海洋科学进展，29（2）：170-178.

李胜男，王根绪，邓伟，等. 2009. 水沙变化对黄河三角洲湿地景观格局演变的影响[J]. 水科学进展，20（3）：325-331.

李秀珍，肖笃宁，胡远满，等. 2002. 湿地养分截留功能的空间模拟Ⅱ. 模型的完善和应用[J]. 生态学报，22（4）：486-495.

李杨帆，朱晓东. 2003. 江苏海岸潮滩沉积环境及其可持续利用问题[J]. 江苏地质，27（4）：203-206.

李杨帆，朱晓东，邹欣庆，等. 2005. 江苏盐城海岸湿地景观生态系统研究[J]. 海洋通报，24（4）：46-51.

李峥. 2010. 湿地景观类型时空演变分析系统研究[J]. 林业勘察设计，（2）：96-99.

刘春悦，张树清，江红星，等. 2009a. 江苏盐城滨海湿地景观格局时空动态研究[J]. 国土资源遥感，（3）：78-83.

刘春悦，张树清，江红星，等. 2009b. 江苏盐城滨海湿地外来种互花米草的时空动态及景观格局[J]. 应用生态学报，20（4）：901-908.

刘广明，杨劲松，姜艳. 2005. 江苏典型滩涂区地下水及土壤的盐分特征研究[J]. 土壤，37（2）：163-168.

刘红玉. 2005. 湿地景观变化与环境效应[M]. 北京：科学出版社.

刘红玉，李玉凤，曹晓，等. 2009. 我国湿地景观研究现状、存在的问题与发展方向[J]. 地理学报，64（11）：1394-1401.

刘键，陈尚，夏涛，等. 2008. 黄河三角洲湿地景观格局变化及其对生态系统服务的影响[J]. 海洋科学进展，26（4）：464-470.

刘青松，李杨帆，朱晓东. 2003. 江苏盐城自然保护区滨海湿地生态系统的特征与健康设计[J]. 海洋学报，25（3）：143-148.

刘艳芬，张杰，马毅，等. 2010. 1995—1999年黄河三角洲东部自然保护区湿地景观格局变化[J]. 应用生态学报，21（11）：2904-2911.

刘永学，陈君，张忍顺，等. 2001. 江苏海岸盐沼植被演替的遥感图像分析[J]. 农村生态环境，17（3）：39-41.

陆健健. 1996. 中国滨海湿地的分类[J]. 环境导报，（1）：1-2.

陆健健，何文珊，童春富，等. 2006. 湿地生态学[M]. 北京：高等教育出版社.

吕士成. 2009. 盐城沿海丹顶鹤种群动态与湿地环境变迁的关系[J]. 南京师大学报（自然科学版），32（4）：89-93.

吕一河，陈利顶，傅伯杰. 2007. 景观格局与生态过程的耦合途径分析[J]. 地理科学进展，26（3）：1-10.

马德滋，刘惠兰. 1986. 宁夏植物志[M]. 银川：宁夏人民出版社：256-258.

马志军，李文军，王子健. 2000. 丹顶鹤的自然保护：行为生态、生境选择、保护区设计规划、可持续发展[M]. 北京：清华大学出版社.

毛培利，成文连，刘玉虹，等. 2011. 滨海不同生境下盐地碱蓬生物量分配特征研究[J]. 生态环境学报，20（8-9）：1214-1220.

毛志刚，王国祥，刘金娥，等. 2009. 盐城海滨湿地盐沼植被对土壤碳氮分布特征的影响[J]. 应用生态学报，20（2）：293-297.

孟庆峰，杨劲松，姚荣江，等.2012. 碱蓬施肥对苏北滩涂盐渍土的改良效果[J]. 草叶科学，29（1）：1-8.

宁龙梅，王学雷，胡望斌. 2004. 利用马尔科夫过程模拟和预测武汉市湿地景观的动态演变[J]. 华中师范大学学报（自然科学版），38（2）：255-258.

牛文元. 1989. 生态环境脆弱带 ECOTONE 的基础判断[J]. 生态学报，9（2）：2-8.

欧维新，杨桂山，李恒鹏，等.2004. 苏北盐城海岸带景观格局时空变化及驱动力分析[J]. 地理科学，24（4）：610-615.

钱兵，顾克余，赫明涛，等.2000. 盐地碱蓬及其人工栽培[J]. 蔬菜，（12）：34-35.

钦佩. 2006. 滨海湿地生态系统的热点研究[J]. 湿地科学，2（1）：7-11.

钦佩，左平，何祯祥. 2004. 海滨系统生态学[M]. 北京：化学工业出版社.

钦佩，赵福庚，田家怡，等.2010. 互花米草的生态控制与综合利用研究[J]. 中国高校科技与产业化，（1-2）：84.

秦向东，闵庆文.2007. 元胞自动机在景观格局优化中的应用[J]. 资源科学，29（4）：85-91.

任丽娟，王国祥，仇乐，等，2010. 江苏潮滩湿地不同生境互花米草形态与生物量分配特征[J]. 生态与农村环境学报，26（3）：220-226.

邵秋玲. 谢小丁. 张方申，等.2004. 盐地碱蓬人工栽培与品系选育初报[J]. 中国生态农业学报，12（1）：47-49.

申卫军，邬建国，林永标，等.2003a. 空间粒度变化对景观格局分析的影响[J]. 生态学报，23（12）：2506-2519.

申卫军，邬建国，任海，等.2003b. 空间幅度变化对景观格局分析的影响[J]. 生态学报，23（11）：2219-2231.

沈永明. 2005. 江苏沿海淤泥质滩涂景观生态特征及其演替[J]. 南京晓庄学院学报，21（5）：98-102.

沈永明，刘咏梅，陈全站. 2002. 江苏沿海互花米草（Spartina alterniflora Loisel）盐沼扩展过程的遥感分析[J]. 植物资源与环境学报，11（2）：33-38.

沈永明，曾华，王辉，等.2005. 江苏典型淤长岸段潮滩盐生植被及其土壤肥力特征[J]. 生态学报，25（1）：1-6.

苏伟，陈云浩，武永峰，等.2006. 生态安全条件下的土地利用格局优化模拟研究[J]. 自然科学进展，16（2）：207-214.

孙贤斌. 2009. 江苏盐城海滨湿地景观变化过程及其对保护区的影响研究[D]. 南京：南京师范大学.

孙贤斌，刘红玉，傅先兰.2010. 土地利用变化对盐城自然保护区湿地景观的影响[J]. 资源科学，32（9）：1741-1745.

索安宁，于永海，韩富伟.2011. 辽河三角洲盘锦湿地景观格局变化的生态系统服务价值响应[J]. 生态经济，（6）：147-151.

田素娟，陈为峰，田素锋，等.2010. 基于 RS 和 GIS 的黄河口湿地景观变化研究[J]. 草业科学，27（4）：57-63.

王夫强，柯长青.2008. 盐城海岸带湿地景观格局变化研究[J]. 海洋湖沼通报，（4）：7-12.

王瑞玲，黄锦辉，韩艳丽，等.2008. 黄河三角洲湿地景观格局演变研究[J]. 人民黄河，30（10）：

14-17.

王树功，陈新庚. 1998. 广东省滨海湿地的现状与保护[J]. 重庆环境科学，20（1）：4-7.

王薇，陈为峰，王燃藜，等. 2010. 黄河三角洲新生湿地景观格局特征及其动态变化[J]. 水土保持研究，17（1）：82-87.

王宪礼，布仁仓，胡远满，等. 1996a. 辽河三角洲湿地的景观破碎化分析[J]. 应用生态学报，7（3）：299-304.

王宪礼，肖笃宁，布仁仓. 1996b. 辽河三角洲湿地景观变化分析[J]. 地理科学，16（3）：260-264.

王学雷，吴宜进. 2002. 马尔柯夫模型在四湖地区湿地景观变化研究中的应用[J]. 华中农业大学学报，21（3）：288-291.

王颖，朱大奎. 1990. 中国的潮滩[J]. 第四纪研究，（4）：291-299.

王颖，王小银. 1995. 海平面上升与海滩侵蚀[J]. 地理学报，50（2）：118-127.

王自磐. 2001. 浙江省滨海湿地生态结构与经济功能分析[J]. 东海海洋，19（4）：51-57.

邬建国. 2007. 景观生态学. 2版[M]. 北京：高等教育出版社.

吴曙亮，蔡则健. 2003. 江苏沿海滩涂资源及发展趋势遥感分析[J]. 海洋通报，22（2）：60-68.

伍蓝. 2008. 基于ALOS等数据的盐城湿地植被分类及土地覆盖时空变化研究[D]. 南京：南京师范大学.

夏东兴，王文海，武桂秋，等. 1993. 中国海岸侵蚀述要[J]. 地理学报，48（5）：468-476.

肖笃宁，李晓文，王连平. 2001. 辽东湾滨海湿地资源景观演变与可持续利用[J]. 资源科学，20（2）：31-16.

肖笃宁，李秀珍，高峻，等. 2003. 景观生态学[M]. 北京：科学出版社.

徐汉炎，王效平，蒋炳兴. 1992. 盐城海涂[M]. 北京：海洋出版社.

徐建华. 2002. 现代地理学中的数学方法[M]. 北京：高等教育出版社.

徐伟伟，王国祥，刘金娥，等. 2011. 苏北海滨湿地互花米草无性分株扩张能力[J]. 生态与农村环境学报，27（2）：41-47.

徐延达，傅伯杰，吕一河. 2010. 基于模型的景观格局与生态过程研究[J]. 生态学报，30（1）：212-220.

闫淑君，洪伟，吴承祯，等. 2010. 闽江口琅岐岛湿地景观格局变化研究[J]. 湿地科学，8（3）：287-292.

闫文文，谷东起，吴桑云，等. 2011. 盐城滨海湿地景观变化分段研究[J]. 海岸工程，30（1）：68-78.

盐城统计局. 2012. 盐城统计年鉴2011[M]. 北京：中国统计出版社.

杨帆. 2007. 基于RS和GIS的辽东湾滨海湿地景观动态变化研究[D]. 大连：大连海事大学.

杨帆，赵冬至，索安宁. 2008. 双台子河口湿地景观时空变化研究[J]. 遥感技术与应用，23（1）：51-56.

杨桂山. 2002. 中国海岸环境变化及其区域响应[M]. 北京：高等教育出版社.

杨红生，邢军武. 2002. 试论我国滩涂资源的持续利用[J]. 世界科技研究与发展，24（1）：47-51.

杨敏，刘世梁，孙涛，等. 2009. 黄河三角洲湿地景观边界变化及其对土壤性质的影响[J]. 湿地科学，7（1）：67-74.

杨艳丽，史学正，于东升，等. 2008. 区域尺度土壤养分空间变异及其影响因素研究[J]. 地理科学，28（6）：788-792.

姚成, 万树文, 孙东林, 等. 2009. 盐城自然保护区海滨湿地植被演替的生态机制[J]. 生态学报, 29 (5): 2203-2210.

袁红伟, 李守中, 郑怀舟, 等. 2009. 外种互花米草对中国海滨湿地生态系统的影响评价及对策[J]. 海洋通报, 28 (6): 122-128.

曾辉, 郭庆华, 刘晓东. 1998. 景观格局空间分辨率效应的实验研究——以珠江三角洲东部地区为例[J]. 北京大学学报 (自然科学版), 34 (6): 820-826.

张东水, 兰樟仁, 邱荣祖. 2006. 闽江口湿地遥感影像最佳景观观察尺度的选择[J]. 遥感信息, (4): 29-32.

张怀清, 唐晓旭, 刘锐, 等. 2009. 盐城湿地类型演化预测分析[J]. 地理研究, 28 (6): 1713-1720.

张立宾, 徐化凌, 赵庚星. 2007. 碱蓬的耐盐能力及其对滨海盐渍土的改良效果[J]. 土壤, 39 (2): 310-313.

张曼胤. 2008. 江苏盐城滨海湿地景观变化及其对丹顶鹤生境的影响[D]. 长春: 东北师范大学.

张明祥, 董瑜. 2002. 双台河口自然保护区濒海湿地景观变化及其管理对策研究[J]. 地理科学, 22 (1): 119-122.

张忍顺. 1984. 苏北废黄河三角洲及滨海平原的成陆过程[J]. 地理学报, 39 (2): 173-184.

张忍顺, 陆丽云, 王艳红. 2002. 江苏海岸侵蚀过程及其趋势[J]. 地理研究, 21 (4): 469-478.

张忍顺, 沈永明, 陆丽云, 等. 2005. 江苏沿海互花米草盐沼的形成过程[J]. 海洋与湖沼, 36 (4): 358-366.

张树清. 2008. 3S 支持下的中国典型沼泽湿地景观时空动态变化研究[M]. 长春: 吉林大学出版社.

张晓龙, 李培英, 李萍, 等. 2005. 中国滨海湿地研究现状与展望[J]. 海洋科学进展, 23 (1): 87-95.

张绪良, 叶思源, 印萍. 2009a. 黄河三角洲自然湿地植被的特征及演化[J]. 生态环境学报, 18 (1): 292-298.

张绪良, 张朝晖, 徐宗军, 等. 2009b. 莱州湾南岸滨海湿地的景观格局变化及累积环境效应[J]. 生态学杂志, 28 (12): 2437-2443.

张绪良, 张朝晖, 徐宗军, 等. 2012. 胶州湾滨海湿地的景观格局变化及环境效应[J]. 地质评论, 58 (1): 190-200.

张学杰, 范守金, 李法曾. 2003. 中国碱蓬资源的开发利用状况[J]. 中国野生植物资源, 22 (2): 1-3.

张学勤, 王国祥, 王艳红, 等. 2006. 江苏盐城沿海滩涂淤蚀及湿地植被消长变化[J]. 海洋科学, 30 (6): 35-39.

张跃林. 2006. 碱蓬人工栽培技术[J]. 中国果菜, (3): 23-24.

赵玉灵, 郁万鑫, 聂洪峰. 2010. 江苏盐城湿地遥感动态监测及景观变化分析[J]. 国土资源遥感, (86): 185-190.

郑彩红, 曾从盛, 陈志强, 等. 2006. 闽江河口区湿地景观格局演变研究[J]. 湿地科学, 4 (1): 29-35.

仲崇庆, 王进欣, 邢伟, 等. 2010. 不同植被和水文条件下苏北盐沼土壤 TN、TP 和 OM 剖面特征[J]. 北京林业大学学报, 32 (3): 186-190.

朱大奎，高抒. 1985. 潮滩地貌与沉积的数学模型[J]. 海洋通报，4（5）：15-21.

宗秀影，刘高焕，乔玉良，等. 2009. 黄河三角洲湿地景观格局动态变化分析[J]. 地球信息科学，11（1）：91-97.

左平，李云，赵书河，等. 2012. 1976 年以来江苏盐城滨海湿地景观变化及驱动力分析[J]. 海洋学报，34（1）：101-108.

Costanza R，Voinov A. 2006. 景观模拟模型——空间显式的动态方法[M]. 徐中民，焦文献，谢永成，等译. 郑州：黄河水利出版社.

Aaviksoo K. 1995. Simulating vegetation dynamics and land use in a mire landscape using a Markov model[J]. Landscape and Urban Planning，（31）：129-142.

Acevedo M F，Urban D L，Ablan M. 1995. Transition and gap models of forest dynamics[J]. Ecological Applications，5（4）：1040-1055.

Aycrigg J L，Harper S J，Westervelt J D. 2004. Simulating land use alternatives and their impacts on a desert tortoise population in the mojave desert，California[M]//Landscape Simulation Modeling. New York：Springer：249-273.

Baker W L. 1989. A review of models of landscape change[J]. Landscape Ecology，2（2）：111-133.

Balzter H，Braun P W，Kohler W. 1998. Celluar automata models for vegetation dynamics[J]. Ecological Modelling，（107）：113-125.

Baumann R H，Turner R E. 1990. Direct impacts of outer continental shelf activities on wetland loss in the central Gulf of Mexico[J]. Environmental Geology and Water Resources，15（3）：189-198.

Bolliger J，Lischke H，Green D G. 2005. Simulating the spatial and temporal dynamics of landscapes using generic and complex models[J]. Ecological Complexity，2（2）：107-211.

Brantley C G，Day Jr J W，Lane R R，et al. 2008. Primary production，nutrient dynamics，and accretion of a coastal freshwater forested wetland assimilation system in Louisiana[J]. Ecological Engineering，34（1）：7-22.

Bruland G L，Dement G. 2009. Phosphorus sorption dynamics of Hawaii's coastal wetlands[J]. Estuaries & Coasts，32（5）：844-854.

Burrough P A，McDonnell R A. 1998. Principles of geographical information systems[M]. USA：Oxford University Press.

Carreño M F，Esteve M A，Martinez J，et al. 2008. Habitat changes in coastal wetlands associated to hydrological changes in the watershed[J]. Estuarine Coastal & Shelf Science，77（3）：475-483.

Clarke K C，Gaydos L J. 1998. Loose-coupling a cellular automaton model and GIS：long-term urban growth prediction for San Francisco and Washington/Baltimore[J]. International Journal of Geographical Information Systems，12（7）：699-714.

Clarke K C，Hoppen S，Gaydos L. 1997. A self-modifying cellular automaton model of historical urbanization in the San Francision Bay area[J]. Environment and Planning B：Planning and Design，24（2）：247-261.

Costanza R，Sklar F H，White M L. 1990. Modeling coastal landscape dynamics[J]. BioScience，40（2）：91-107.

Fitz H C，Debellevue E B，Costanza R，et al. 1994. Development of a general ecosystem model for a range of scales and ecosystems[J]. Ecological Modelling，88（1-3）：263-295.

Fitz H C, Sklar F H. 1999. Ecosystem Analysis of Phosphorus Impacts and Altered Hydrology in the Everglades: A Landscape Modeling Approach, in Phosphorus Biogeochemistry in Subtropical Ecosystems[M]. Lewis Publishers, Boca Raton, FL: 585-620.

Fromard F, Vega C, Proisy C. 2004. Half a century of dynamic coastal change affecting mangrove shorelines of French Guiana. A case study based on remote sensing data analyses and field surveys[J]. Marine Geology, 208 (2-4): 265-280.

Gagliano S M, Meyer-Arendt K J, Wicker K M. 1981. Land loss in the Mississippi River deltaic plain[J]. Gcags Transactions, 31: 295-300.

Gillet F. 2008. Modelling vegetation dynamics in heterogeneous pasture-woodland landscapes[J]. Ecological Modelling, 217 (1): 1-18.

Goñi M A, Gardner I R. 2003. Seasonal dynamics in dissolved organic carbon concentrations in a coastal water-table aquifer at the forest-marsh interface[J]. Aquatic Geochemistry, 9 (3): 209-232.

Gustafson E J. 1998. Quantifying landscape spatial pattern: What is the state of the art? [J]. Ecosystems, 1 (2): 143-156.

Hobbs R J. 1994. Dynamics of vegetation mosaics: Can we predict response to global change? [J]. Ecoscience, 1 (4): 346-356.

IPCC. 1990. Climate change: The scientific assessment[M]. Cambridge: Cambridge University Press.

Kelly N M. 2001. Changes to the landscape pattern of coastal North Carolina wetlands under the Clean Water Act, 1984-1992[J]. Landscape Ecology, 16 (1): 3-16.

King R S, Deluca W V, Whigham D F, et al. 2007. Threshold effects of coastal urbanization onPhragmites australis (common reed) abundance and foliar nitrogen in Chesapeake Bay[J]. Estuaries & Coasts, 30 (3): 469-481.

Krause G, Soares C. 2004. Analysis of beach morphodynamics on the Bragantinian mangrove peninsula (Pará, North Brazil) as prerequisite for coastal zone management recommendations[J]. Geomorphology, 60 (1-2): 225-239.

Krause S, Jacobs J, Bronstert A. 2007. Modelling the impacts of land-use and drainage density on the water balance of a lowland-floodplain landscape in northeast Germany[J]. Ecological Modelling, 200 (3): 475-492.

Landis J R, Koch G G. 1997. The measurement of observer agreement for categorical data[J]. Biometrics, 33 (1): 159-174.

Ledoux L, Beaumont N, Cave R. 2005. Scenarios for integrated river catchment and coastal zone management[J]. Regional Environmental Change, 5 (2-3): 82-96.

Levin S A, Paine R T. 1974. Disturbance, patch formation and community structure[J]. Proceedings of the National Academy of Science, USA, 71 (7): 2744-2747.

Li S N, Wang G X, Deng W, et al. 2009. Influence of hydrology process on wetland landscape pattern: A case study in the Yellow River Delta[J]. Ecological Engineering, 35 (12): 1719-1726.

Maingi J K, Marsh S E. 2001. Assessment of environmental impacts of river basin development on the riverine forests of eastern Kenya using multi-temporal satellite data[J]. International Journal of Remote Sensing, 22 (14): 2701-2729.

Martin S B, Shaffer G P. 2005. Sagittaria biomass partitioning relative to salinity, hydrologic regime, and substrate type: Implications for plant distribution patterns in coastal Louisiana, United States[J]. Journal of Coastal Research, 21 (1): 167-174.

McKellar H N, Tufford D L, Alford M C, et al. 2007. Tidal nitrogen exchanges across a freshwater wetland succession gradient in the upper Cooper River, South Carolina[J]. Estuaries & Coasts, 30 (6): 989-1006.

Mesléard F, Grillas P, Lepart J. 1991. Plant community succession in a coastal wetland after abandonment of cultivation: The example of the Rhone Delta[J]. Vegetatio, 94 (1): 35-45.

Millington J D A, Wainwright J, Perry G L W, et al. 2009. Modelling mediterranean landscape succession-disturbance dynamics: A landscape fire-succession model[J]. Environmental Modelling & Software, 24 (10): 1196-1208.

Monserud R A, Leemans R. 1992. Comparing global vegetation maps with the Kappa statistic[J]. Ecological Modelling, 62 (4): 275-293.

Mundia C N, Aniya M. 2010. Dynamics of landuse/cover changes and degradation of Nairobi City, Kenya[J]. Land Degradation & Development, 17 (1): 97-108.

Niu Z G, Gong P, Cheng X, et al. 2009. Geographical characteristics of China's wetlands derived from remotely sensed data[J]. Science in China, 52 (6): 723-738.

Patwardhan A. 1993. Climate and sea level change: Observations, projections and implications: edited by R A Warrick, E M Barrow and T M L Wigley Cambridge University Press, Cambridge, 1993, 405 pp[J]. Global Environmental Change, 5 (1): 75-76.

Pérez A F, Luna R A, Turner J. 2003. Land cover changes and impact of shrimp aquaculture on the landscape in the Ceuta coastal lagoon system, Sinaloa, Mexico[J]. Ocean & Coastal Management, 46 (6-7): 583-600.

Rybczyk J. 2009. Surface Elevation Models[M]//Rybczyk J M, Callaway J C. Coastal Wetlands: An Integrated Ecosystem Approach. Amsterdam, Boston: Elsevier: 835-853.

Scheller R M, Domingo J B, Sturtevant B R, et al. 2007. Design, development, and application of LANDIS-II, a spatial landscape simulation model with flexible temporal and spatial resolution[J]. Ecological Modelling, 201 (3): 409-419.

Schroder B, Seppelt R. 2006. Analysis of pattern-process interactions based on landscape models—Overview, general concepts, and methodological issues[J]. Ecological Modelling, 199 (4): 505-516.

Shugart H H. 1998. Terrestrial Ecosystems in Changing Environments[M]. Cambridge: Cambridge University Press.

Tulbure M G, Johnston C A. 2010. Environmental conditions promoting non-native phragmites australis, expansion in Great Lakes coastal wetlands[J]. Wetlands, 30 (3): 577-587.

Turner M G. 1987. Spatial simulation of landscape changes in Georgia: A comparison of 3 transition models[J]. Landscape Ecology, 1 (1): 29-36.

Valdemoro H I, Sánchez-Arcilla A, Jiménez J A. 2007. Coastal dynamics and wetlands stability. The Ebro Delta case[J]. Hydrobiologia, 577 (1): 17-29.

Voinov A, Costanza R, Wainger L, et al. 1999. Patuxent landscape models: integrated ecological economic modeling of a watershed[J]. Ecological Modelling and Software, 14 (5): 473-491.

Warrick R A, Oerlemans J. 1990. Sea level rise//Climate Change-the IPCC Scientific Assessment[M]. Cambridge: Cambridge University Press.

Watt S C L, García-Berthou E, Vilar L. 2007. The influence of water level and salinity on plant assemblages of a seasonally flooded Mediterranean wetland[J]. Plant Ecology, 189 (1): 71-85.

Wilcox D A, Thompson T A, Booth R K, et al. 2007. Lake-level variability and water availability in the Great Lakes[R]. U. S. Geological Survey.

Williams K, Ewel K C, Stumpe R P, et al. 1999. Sea-level rise and coastal forest retreat on the west coast of Florida, USA[J]. Ecology, 80 (6): 2045-2063.

附录　景观模型程序代码（部分）

```
function[NewA,NewB,NewC]=computeparameter(A,B,C,year,x1,
x2,x3,x4,x5,x6,…)
    [sa,sb]=size(A); %矩阵 A 的大小
    [a1,b1]=find(A(1,:)==碱蓬);    %找到矩阵 A 的第一行中哪些元素是
碱蓬沼泽
    bb=length(b1); %b1 的长度,主要用来判断定位最后一个为碱蓬沼泽的
元素是否是最后一列的
    if bb==0   %第一行中的元素中不包含碱蓬沼泽
    disp('There is no 碱蓬沼泽 in the first row!');
    else if b1(1)==1 %判断第一个元素是否是矩阵的第一个元素,若为第
一个元素,其邻域只有三个,需要特殊处理
            if A(1,2)==芦苇沼泽||A(2,1)==芦苇沼泽||A(2,2)==芦苇沼泽
                temp=B(1,1)+year*x1;
                B(1,1)=temp;
                Temp1=C(1,1)+year*x4;
    C(1,1)=temp1;
                if temp<W1&&temp1<W4
                    A(1,1)=芦苇沼泽;
                end
            else if A(1,2)==米草沼泽||A(2,1)==米草沼泽||A(2,2)==
米草沼泽;
                temp=B(1,1)+year*x2;
                B(1,1)=temp;
               Temp1=C(1,1)+year*x5;
        C(1,1)=temp1;
                    if temp>W2&&temp1>W5&&temp1<W6
                        A(1,1)=米草沼泽;
                    end
                end
            end
```

```
    end    %判断碱蓬沼泽的邻域是芦苇沼泽或米草沼泽的情况
  if b1(bb)==sb%判断第一行最后一列的元素是否为碱蓬沼泽
    if A(1,sb-1)==芦苇沼泽||A(2,sb-1)==芦苇沼泽||A(2,
sb)==芦苇沼泽
            temp=B(1,sb)+year*x1;
            B(1,sb)=temp;
          Temp1=C(1,sb)+year*x4;
    C(1,sb)=temp1;
          if temp<W₁&&temp1<W₄
           A(1,sb)=芦苇沼泽;
              end
        else if A(1,sb-1)==米草沼泽||A(2,sb-1)==米草沼泽||
A(2,sb)==米草沼泽
            temp=B(1,sb)+year*x2;
            B(1,sb)=temp;
            Temp1=C(1,sb)+year*x5;
     C(1,sb)=temp1;
            if temp>W₂&&temp1>W₅&&temp1<W₆
            A(1,sb)=米草沼泽;
              end
          end
        end
    for i=2:bb-1%第一个和最后一个都是碱蓬沼泽的情况,处理中间的元
素,每个元素都有 5 个邻域
  if A(1,b1(i)-1)==芦苇沼泽||A(1,b1(i)+1)==芦苇沼泽||A(2,
b1(i)-1)==芦苇沼泽||A(2,b1(i))==芦苇沼泽||A(2,b1(i)+1)==芦苇沼泽
            temp=B(1,b1(i))+year*x1;
            B(1,b1(i))=temp;
            Temp1=C(1,b1(i))+year*x4;
    C(1,b1(i))=temp1;
            if temp<W₁&&temp1<W₄
            A(1,b1(i))=芦苇沼泽;
              end
          else if A(1,b1(i)-1)==米草沼泽||A(1,b1(i)+1)==
米草沼泽||A(2,b1(i)-1)==米草沼泽||A(2,b1(i))==米草沼泽||A(2,
```

```
b1(i)+1)==米草沼泽
                              temp=B(1,b1(i))+year*x2;
                              B(1,b1(i))=temp;
                          Temp1=C(1,b1(i))+year*x5;
     C(1,b1(i))=temp1;
                          if temp>W₂&&temp1>W₅&&temp1<W₆
                              A(1,b1(i))=米草沼泽;
                          end
                      end
                  end
            end
```

else for i=2:bb%说明最后一个元素不是碱蓬沼泽,而第一个元素是碱蓬沼泽,所以需要处理第一个元素之后的元素,每一个元素都有 5 个邻域

```
            if A(1,b1(i)-1)==芦苇沼泽||A(1,b1(i)+1)==芦苇
沼泽||A(2,b1(i)-1)==芦苇沼泽||A(2,b1(i))==芦苇沼泽||A(2,
b1(i)+1)==芦苇沼泽
                          temp=B(1,b1(i))+year*x1;
                          B(1,b1(i))=temp;
                          Temp1=C(1,b1(i))+year*x4;
     C(1,b1(i))=temp1;
                          if temp<W₁&&temp1<W₄
                           A(1,b1(i))=芦苇沼泽;
                          end
            else if A(1,b1(i)-1)==米草沼泽||A(1,b1(i)+1)==
米草沼泽||A(2,b1(i)-1)==米草沼泽||A(2,b1(i))==米草沼泽||A(2,
b1(i)+1)==米草沼泽
                          temp=B(1,b1(i))+year*x2;
                          B(1,b1(i))=temp;
                          Temp1=C(1,b1(i))+year*x5;
     C(1,b1(i))=temp1;
                          if temp>W₂&&temp1>W₅&&temp1<W₆
                              A(1,b1(i))=米草沼泽;
                          end
                      end
                  end
```

```
      end
  end    %对应于判断第一行最后一个元素是否为碱蓬沼泽
else if b1(bb)==sb%第一个元素不是碱蓬沼泽,判断第一行最后一列的
```
元素是否为碱蓬沼泽
```
         if A(1,sb-1)==芦苇沼泽||A(2,sb-1)==芦苇沼泽||A(2,
sb)==芦苇沼泽
               temp=B(1,sb)+year*x1;
               B(1,sb)=temp;
               Temp1=C(1,sb)+year*x4;
   C(1,sb)=temp1;
                  if temp<W₁&&temp1<W₄
                  A(1,sb)=芦苇沼泽;
            end
         else if A(1,sb-1)==米草沼泽||A(2,sb-1)==米草沼泽||
A(2,sb)==米草沼泽
               temp=B(1,sb)+year*x2;
               B(1,sb)=temp;
               Temp1=C(1,sb)+year*x5;
   C(1,sb)=temp1;
                  if temp>W₂&&temp1>W₅&&temp1<W₆
                    A(1,sb)=米草沼泽;
                  end
            end
      end
      for i=1:bb-1%说明最后一个元素是碱蓬沼泽,而第一个元素不
是碱蓬沼泽,所以需要处理最后一个元素之前的元素,每一个元素都有5个邻域
         if A(1,b1(i)-1)==芦苇沼泽||A(1,b1(i)+1)==芦苇沼泽||
A(2,b1(i)-1)==芦苇沼泽||A(2,b1(i))==芦苇沼泽||A(2,b1(i)+1)==
芦苇沼泽
               temp=B(1,b1(i))+year*x1;
               B(1,b1(i))=temp;
              Temp1=C(1,b1(i))+year*x4;
   C(1,b1(i))=temp1;
                  if temp<W₁&&temp1<W₄
                  A(1,b1(i))=芦苇沼泽;
```

```
                    end
            else if A(1,b1(i)-1)==米草沼泽||A(1,b1(i)+1)==
米草沼泽||A(2,b1(i)-1)==米草沼泽||A(2,b1(i))==米草沼泽||A(2,
b1(i)+1)==米草沼泽
                        temp=B(1,b1(i))+year*x2;
                        B(1,b1(i))=temp;
                        Temp1=C(1,b1(i))+year*x5;
        C(1,b1(i))=temp1;
                        if temp＞W₂&&temp1＞W₅&&temp1＜W₆
                            A(1,b1(i))=米草沼泽;
                        end
                    end
                end
            end
        else for i=1:bb%说明第一个和最后一个都不是碱蓬沼泽
            if A(1,b1(i)-1)==芦苇沼泽||A(1,b1(i)+1)==芦苇
沼泽||A(2,b1(i)-1)==芦苇沼泽||A(2,b1(i))==芦苇沼泽||A(2,
b1(i)+1)==芦苇沼泽
                        temp=B(1,b1(i))+year*x1;
                        B(1,b1(i))=temp;
                        Temp1=C(1,b1(i))+year*x4;
        C(1,b1(i))=temp1;
                        if temp＜W₁&&temp1＜W₄
                        A(1,b1(i))=芦苇沼泽;
                        end
            else if A(1,b1(i)-1)==米草沼泽||A(1,b1(i)+1)==
米草沼泽||A(2,b1(i)-1)==米草沼泽||A(2,b1(i))==米草沼泽||A(2,
b1(i)+1)==米草沼泽
                        temp=B(1,b1(i))+year*x2;
                        B(1,b1(i))=temp;
                        Temp1=C(1,b1(i))+year*x5;
        C(1,b1(i))=temp1;
                        if temp＞W₂&&temp1＞W₅&&temp1＜W₆
                            A(1,b1(i))=米草沼泽;
                        end
```

```
                  end
              end
          end
      end
end %到此为止,第一行为碱蓬沼泽的元素处理完了
end   %与 if bb==0 对应
⋮
NewA=A;
NewB=B;
NewC=C;
end%与 function 相对应
```

后 记

　　海滨湿地景观变化受生态过程驱动，将生态过程要素纳入景观演变研究中，构建一种基于过程研究的景观模型，揭示区域湿地景观过程演变规律及其影响机制，从生态过程视角，辨识自然条件和人类活动下海滨湿地景观演变机理，对合理开发利用和保护海滨湿地资源，促进区域社会经济与生态环境协调发展具有重要意义。

　　本书对盐城海滨湿地景观演变与生态过程开展了较为系统的探索。本书在分析海滨湿地在不同驱动条件下景观结构与格局演变差异的基础上，分析了海滨湿地土壤生态要素时空变化，阐述了景观格局与土壤生态要素的耦合关系，阐明了土壤生态要素空间特征能够有效地反映海滨湿地景观格局。在此基础上，采用灰色关联分析，筛选出土壤盐度和水分是影响海滨湿地景观演变的关键土壤生态要素；进一步运用人工神经网络模型分析了土壤水分与盐度的空间异质性，并与景观格局相耦合，测算了海滨湿地不同景观类型土壤水分与盐度的生态阈值。最后，将土壤水分、盐度过程与景观格局变化相耦合，运用 GIS-MATLAB-CA 技术构建海滨湿地景观模型，该模型系统考虑了海滨湿地景观演变生态过程，能够模拟过去及未来自然和人类影响下海滨湿地景观演变动态和机制，开展情景预测；还可以为其他景观模型的构建提供参考。然而，在本书研究中，我仅筛选出土壤盐度和水分作为建模数据，如何系统地考虑多个生态要素的耦合作用，构建基于多要素的景观模型，还有待于继续研究。

　　在此衷心感谢我的博士研究生导师刘红玉教授。本书的选题、架构、写作，到后期的反复修改，导师倾注了大量的心血和汗水。导师严谨的治学态度、敏锐的科学思维、待人以诚的品格和乐观平和的生活态度时刻熏陶着学生，使我终身受益。在此，向导师刘红玉教授致以最深的敬意和感激。衷心感谢南京大学钦佩教授、南京林业大学鲁长虎教授、中国科学院南京地理与湖泊研究所姜加虎教授；感谢南京师范大学地理科学学院王国祥教授、钱谊教授、杨浩教授、沈永明教授、贺德刚老师、周安宁老师、李玉凤老师；感谢盐城自然保护区王会主任、吕士成教授。在本书的设计、野外考察与完成过程中，有幸得到各位老师的指导及提供的许多针对性意见，在此向各位老师表示诚挚的谢意！

　　感谢我博士研究生在读期间的同窗学友：李振国、阮鲲、甄艳、罗虎明、马菲、邹军、郝敬锋、胡和兵、丁晶晶、王聪、郑囡、曹晓、安静、薛星宇、侯明行、谭青梅、蔡春晓。这份同窗之情、真挚友情，我将永远珍藏。

感谢盐城师范学院城市与规划学院领导和同事在工作上、生活上的关心和支持。感谢家人的理解、支持，特别感谢我的妻子和儿子，每一次成功与喜悦都与你们分享，更离不开你们的默默的奉献和期待。家人无悔的付出与默默的支持，是我一路前行的动力！

在本书的完成过程中，参阅了国内外众多文献，书中如有疏漏，敬请谅解。在此，一并表示感谢！

向所有给予我帮助的人表示诚挚的谢意！祝愿你们生活、工作永远顺利。我也一定会带着师长的嘱托、朋友的关心、亲人的支持，去迎接一个个新的挑战。

张华兵

2018 年 4 月 21 日于江苏盐城